Let's Enjoy Fermented Foods

理由がわかれば
もっとおいしい！

発酵食品を楽しむ教科書

宮城大学教授
金内誠
［監修］

ナツメ社

≪世界の発酵食品MAP≫

ヨーロッパ全域（→P143）
チーズ（→P143）
生ハム（→P142）
アンチョビ

スウェーデン
シュールストレミング
塩漬けニシンを発酵させたもので、「世界一くさい食べ物」といわれる。

中国・台湾
ザーサイ（→P117）
豆板醤、甜麺醤（→P75）
とうばんじゃん　てんめんじゃん
香醋、紅醋（→P81）
こうず　こうず
腐乳（→P106）
ふにゅう
臭豆腐（→P106）
しゅうどうふ
プーアール茶（→P173）

ドイツ、フランスなど
ザワークラウト（→P117）

イタリア
コラトゥーラ（→P138）

インド
ナン（→P169）

タイ
ナンプラー（→P138）

マレーシア
ブラチャン（→P131）

エチオピア
インジェラ
「テフ」という穀物を粉にして水と混ぜて発酵させ、クレープのように薄く焼いたエチオピアの主食。

インドネシア
テンペ（→P105）

世界各地で、その土地の気候・風土や文化に合わせてさまざまな発酵食品が生まれ、育まれてきた。世界の多彩な発酵食品を見てみよう！

カナダ、アメリカなど

キビヤック
アザラシの腹の中に海鳥をつめ込み、地中に数か月埋めて発酵させた、寒冷地の保存食。

韓国・朝鮮半島

キムチ（→P117）
コチュジャン（→P75）
チョングッチャン（→P105）
チョッカル（→P131）

アメリカ、イギリスなど

ピクルス（→P117）

フィリピン

パティス（→P138）
ナタ・デ・ココ（→P33）

ベトナム

ニョクマム（→P138）

メキシコ

チョリソー（→P141）
トルティーヤ（→P168）

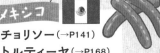

オーストラリア

ベジマイト
発酵後のビール酵母（こうぼ）からつくられる塩辛いペースト。

ブラジル

ポン・デ・ケージョ（→P168）

3

≪日本の発酵食品MAP≫

日本は発酵食品大国で、地域ごとに特色ある発酵食品が数多く存在する。
日本の食文化を支えている各地の発酵食品を見てみよう!

石川県
いしる(→P137)
フグの卵巣の糠漬け(→P135)
かぶらずし(→P128)
このわた(→P130)

長野県
野沢菜漬け(→P109)
すんき漬け(→P114)
信州味噌(→P66)

福井県
へしこ(→P135)

山口県
再仕込み醤油
(→P59)

滋賀県
ふなずし(→P128)

岐阜県
うるか(→P130)

福岡県
糠炊き
イワシやサバを糠床で
炊き込んだ、北九州
地方の郷土料理。

京都府
すぐき漬け(→P112)
しば漬け(→P112)

高知県
鰹節(→P119)
碁石茶(→P173)
鰹の酒盗(→P130)

愛知県
白醤油(→P59)
溜醤油(→P59)
八丁味噌(→P69)

鹿児島県
鰹節(→P119)
黒酢(→P80)
焼酎(→P200)

焼酎

香川県
いかなご醤油(→P137)

北海道
めふん（→P130）

秋田県
しょっつる（→P137）
ハタハタずし（→P127）
いぶりがっこ（→P109）

新潟県
かんずり
新潟県 妙高市に古くから伝わる、トウガラシを発酵させた辛味調味料。

山形県
からし漬け（→P114）
三五八漬け（→P111）

宮城県
仙台味噌（→P66）

福島県
三五八漬け（→P111）

茨城県
納豆（→P98）

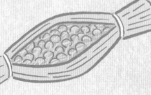

千葉県
醤油（→P56）

東京都（伊豆諸島）
くさや（→P132）

沖縄県
豆腐よう（→P106）
泡盛（→P201）

静岡県
鰹節（→P119）
わさび漬け（→P113）

発酵の現場を訪ねて
～滋賀の発酵文化をひも解く～

日本最大にして最古の湖、琵琶湖を抱く滋賀県。水資源が豊富で自然環境に恵まれた地には、郷土料理のふなずしをはじめ、さまざまな発酵食品が根付いている。滋賀に息づく発酵文化を体感すべく、発酵の現場を訪ねた。

総本家
喜多品老舗（ふなずし）… P8

原宮喜本店（醤油）… P12

糀屋吉右衛門（糀）… P14

総本家 喜多品老舗（きたしなろうほ）

琵琶湖北西部の近江高島にあるふなずしの老舗。琵琶湖産ニゴロブナと良質の近江米（おうみまい）で、昔ながらの木桶仕込み（きおけ）で、ていねいにふなずしをつくっている。

喜多品老舗の伝統の味、「四〇〇年鮒寿し　飯漬（いいづけ）」

江戸初期、元和5（1619）年に創業し、400年の歴史がある「総本家 喜多品老舗」。琵琶湖の固有種である天然のニゴロブナを、こだわりの米・塩とともに木桶で仕込んだふなずしが評判だ。

喜多品老舗に代々伝わる製法は「百匁百貫千日」といって、1匹百匁（＝375g）の子持ちのニゴロブナを百貫（＝375kg）入る木桶に仕込み、塩漬け2年＋飯漬け1年の千日かけて発酵させるというもの。年間を通じて湿度が高く、発酵に適した高島の気候で、じっくり熟成させてつくるふなずしは、酸味とうま味が調和して味わい深い。

飯漬のほか、地酒「萩乃露」の酒粕で仕込んだ「大溝　甘露漬」（4年仕込み）、雄のニゴロブナに赤米をつめた「飯漬　春雄鮒」（1年仕込み）などがあり、それぞれ個性的な味が楽しめる。

「ふなずしを次世代につなげていくために、クリームチーズと合わせたり、ワインとペアリングしたりと、新しい食べ方も提案しています。守るべき伝統は守りながら、新たな取り組みや情報発信にも力を入れていきます」と、18代目の北村真里子さんは話す。

趣のある外観は歴史と老舗の風格を感じさせる

赤米が美しい「飯漬　春雄鮒」は、さわやかな酸味が

大正5（1916）年の製造風景。現在も昔と変わらず木桶で仕込む

発酵の現場

「百匁百貫千日」の製法でつくられる喜多品老舗の
ふなずし。塩漬けから完成までの工程を見ていこう。

ニゴロブナを塩漬けにする

卵を残して内臓をエラから抜いたニゴロブナに塩をつめ、木桶に塩とニゴロブナを交互に敷きつめる。落とし蓋と重石をのせて2年おく。

ニゴロブナを天日干しする

塩漬けが終わったら、7月の土用の頃に木桶からニゴロブナを取り出し、洗って天日干しにする。

ふなずしのおいしさを知るには、よいふなずしとの出合いが大切ですし、何度も食べて経験値を積むことが必要です。"正しいふなずし"を伝えるため、誠実にふなずしをつくっていきたいですね。

ふなずしのような発酵食品は元気のもとです。体によいものをみなさんにお届けし、元気になってもらえたらと思っています。

18代目
北村真里子さん

夫の篤史さん

ニゴロブナを飯漬けにする

近江米(おうみまい)を炊き上げ、冷めてから塩と合わせ、ご飯とニゴロブナを交互に木桶に敷きつめていく。

木桶で熟成させる

落とし蓋と重石をのせて1年おき、熟成させる。ご飯に漬けることでうま味が出る。

ニゴロブナを木桶から取り出す

熟成を終えたら、ご飯が乳酸発酵した「飯(いい)」の中からニゴロブナを取り出す。

ふなずし（飯漬）の完成！∨

原宮喜本店

琵琶湖東岸に位置する彦根市にある、創業200年の醤油蔵。創業時より天然醸造にこだわり続け、少量生産で良質の醤油をつくっている。

文政元（1818）年に創業した原宮喜本店。初代の原喜平次が、明治2（1869）年に醤油の醸造を始めた。一般的に醤油の発酵・熟成期間は1年ほどだが、原宮喜本店の看板商品は3年かけてじっくり熟成させたもの。濃厚な味わいが評判で、リピーターも多い。

現在 醤油づくりを切り盛りするのは、9代目の原嘉津雄さん。天然醸造を守りながらも、つくり方を変えたり、販売を業務用卸から対面・小売りに切り替えたりと、歴史ある蔵に新たな風を吹き込んでいる。「醤油には地域ごとの文化があるので、その伝統や文化を守っていくために、よいものをつくり続けていきたい」と話す。

左から、3年熟成の濃口醤油、上品な味わいの淡口醤油、刺し身に合うたまり醤油

発酵の現場

良質な菌がすみつく木樽を長年大事に使い、自然の恵みの中でていねいな仕込みを行う。

大豆を蒸す／小麦を炒る

主原料の大豆と小麦は北海道産。写真は、麦炒り場（右側）と、大豆を蒸す圧力釜（左側）。

製麹室（せいきくしつ）で醤油麹をつくる

大豆と小麦を混合し、種麹（たねこうじ）を加え、適切な温度・湿度のもと醤油麹をつくる。

もろみを発酵・熟成させる

醤油麹に食塩水を加えてもろみをつくり、木樽で発酵・熟成させる。

生揚げ（きあげ）を濾過（ろか）する

熟成を終えたもろみを搾（しぼ）り、その液部（生揚げ醤油）を濾過する。

商品の「かくみや醤油」は添加物なしで加水も行いません。木樽の個性も味わっていただきたいと思っています。

うちの醤油をほんとうにほしいと思うお客さんに届けたいので、規模拡大ではなく身の丈に合った商売をして、楽しみながら、代々続けていきたいですね。

原嘉津雄さん

従業員の
若林将伍（わかばやししょうご）さん

13

糀屋吉右衛門

琵琶湖の南岸に位置する野洲市にて、江戸時代から続く糀専門店。近江富士・三上山のふもとで、昔ながらの製法で糀づくりを行っている。

完成した糀。菌糸が絡み合い、板状になっている

糀屋吉右衛門の創業は1837年頃。それから190年近くにわたって、地元産の原料にこだわり、素朴で味わい深い糀を丹精込めてつくってきた。

「麹菌は生き物なので、その日の温度や湿度などによって状態が変わります。それを見極めるには経験と勘が必要です」と、4代目の山﨑豊彦さんは話す。代々受け継がれてきた製法を、息子の吉輝さんにもバトンパスし、糀づくりのほとんどを任せている。

糀の魅力を伝えるため、味噌づくり教室や糀種のパン教室、発酵教室なども開催。人数が集まれば、公民館や幼稚園、高校などでも、出張で味噌教室を行う。

近江米を使用してつくる糀。持ち込み米での糀加工も可能（15kg単位）

機械化を進めつつ、昔ながらの手づくりも守り、香り高い糀を生み出している。

自動製麹装置で種付けまで行う

精米から種付けまでを自動で行った後、麹室と機械に分けて発酵を行う。

種付けした米を麹蓋に移す

麹室で仕上げるものは、麹菌の付いた蒸し米を升で木製の麹蓋に移す。

麹蓋を積み重ね、麹室で発酵させる

室内の場所によって温度が違うため、2回の作業時に麹蓋を組み替える。

一晩放冷して糀の完成

発酵が進むと白っぽくなる。最後にしっかり冷まして、完成。

糀の魅力は健康・美容効果です。実際に私も、糀のおかげで元気に過ごしています。みなさまの健康を願いながら、これからも心を込めて糀づくりをしていきます。

糀の酵素で腸内環境を整え、体の内側から健康になっていただきたい。元気な糀をつくり、地域に愛される糀屋を目指します。

息子の吉輝さん

山﨑豊彦さん

15

はじめに

　発酵食品は、洋の東西を問わず、伝統的に食されてきました。特に、ワインや酢、ビールなどは、古代のメソポタミア文明に端を発し、現在では世界中で生産され、日々の生活になくてはならないものとなっています。

　一方、日本で生まれた発酵食品は非常にすそ野が広く、多岐にわたります。清酒、焼酎などのアルコール飲料、味噌や醤油、みりんなどの調味料、メソポタミア文明のものとは異なる発展を遂げた食酢、糠漬けや三五八漬け、べったら漬けなどの漬物、なれずしなど、枚挙にいとまがありません。これらの発酵食品がなければ、代表的な日本食であり、酢や醤油などを使う、すしや蕎麦は存在しなかったでしょう。

　これらの発酵食品は、単に微生物などを生育させるだけでなく、風土にもとづいた温度コントロールで微生物を制御する発酵技術によってつくられています。これは日本の発酵食品ならではの製造法です。

　また、米や麦、大豆などの穀物類に麹菌を生育させた「麹」を利用することも特徴です。麹は、麹菌の胞子を種麹として、人為的に制御しながら製造されている、わが国固有のものです。このため日本醸造学会は、麹菌を「国菌」とする旨を 2006 年に宣言しました。

日本の発酵技術は、世界からも注目を浴びています。たとえば、繊細な発酵技術の粋を集めた清酒は、英語でも「Sake」と呼ばれ、各国で清酒のコンペティションが開催され、世界中から熱い視線が注がれています。さらに、味噌や醤油も、ヨーロッパやアメリカなどのスーパーでも販売され、一般に普及しています。

　このように発酵食品は、日本はもちろん世界の食卓も彩っています。その魅力を伝え、各発酵食品の製法や歴史などを体系的に紹介したいという思いから生まれたのが本書です。多くの方々に親しんでもらえるよう、イラストをふんだんに用いて、わかりやすく解説しています。食に興味を持つ方々や、発酵学を学ぶ方々の入門書として、活用していただけたら幸いです。

宮城大学 食産業学群 教授
金内 誠（かなうち まこと）

CONTENTS

第 **1** 章
発酵食品って
何だろう？
……… 23

金内誠の
発酵コラム

第2章
日本の
発酵調味料
を知ろう！
……55

金内誠の
発酵コラム

第1章 発酵食品って何だろう？

発酵食品はどのようにして
つくり出されるのだろうか。発酵のしくみや、
発酵に関係する微生物など、
発酵の基本を押さえ、
発酵食品の基礎知識をわかりやすく解説しよう。

発酵とは

「発酵」という言葉はよく耳にするが、実際にはどのような現象のことを指すのだろうか。ここでは、発酵のしくみなど、発酵の基本について学ぼう。

発酵の基本

発酵の定義は？ どんな発酵食品がある？

「発酵」とは、炭水化物やタンパク質などの有機化合物が、カビや酵母、細菌などの**微生物の働きによって分解される過程で、人間にとって有益な変化をもたらす現象**のこと。発酵によってつくり出された食品を「発酵食品」という。ただし、紅茶や、塩分が強い中で熟成される魚醤など、微生物をともなわない発酵もある。

発酵食品と聞いて、どんなものを思い浮かべるだろうか。身近なものでは、醤油や味噌、酢、みりんなどの調味料のほか、納豆や糠漬け、キムチ、チーズやヨーグルトなど。日本酒やビール、ワインなどのアルコール類、生ハムや鰹節も発酵食品に含まれる。

世界には、実に1000種類を超える発酵食品があるとされている。いずれも、その土地の食材と気候風土の組み合わせから生まれたものであり、**発酵食品は地域の食文化の特色を表す**存在になっている（→P41）。

微生物の発見は17世紀後半

　発酵に欠かせない微生物は、1〜100μm（マイクロメートル）ほどの小さな生物の総称で、人類の誕生よりもはるか昔、35億年以上も前から地球上に生息しているとされる。しかし、肉眼でとらえられないほど小さいため、その存在は知られていなかった。

　歴史上、微生物が顕微鏡で確認されたのは17世紀後半になってからのこ

と。オランダ人商人であり博物学者であった**アントーニ・ファン・レーウェンフック**は、自作の顕微鏡を用いて多くの微生物を観察したことから、「微生物学の父」と称される。

　その後、ドイツの生理学者のテオドール・シュワンや、フランスの化学者・細菌学者の**ルイ・パスツール**が、微生物と発酵の関係を明らかにした。

初期の顕微鏡をつくった
レーウェンフック
（1632〜1723年）

酵母や乳酸菌、酢酸の発
酵作用や低温殺菌法を
発見したパスツール
（1822〜1895年）

発酵に関わる三大微生物とは

　微生物は、空気や土、海、川といった自然の中や、動植物の中にも存在しており、その種類や数は把握されていない。しかし、発酵をもたらす微生物は、おもに**カビ**、**酵母**、**細菌**の3種類であることがわかっている。

　それらが単独で作用する場合もあれば、**複数の微生物が関わり合って発酵をもたらす**場合もある。たとえば、味噌や醤油、酢などは、カビと酵母、細菌が互いに関与してつくり出される（→第2章）。

カビ
黄麹菌、
アオカビ、
カツオブシ菌など

酵母
パン酵母、
ワイン酵母、
清酒酵母など

細菌
乳酸菌、納豆菌、
酢酸菌など

❶カビ

　カビは、真菌類の中で糸状構造を有する微生物の俗称だ。代表的なのは麹菌で、「コウジカビ」ともいう（→P29）。**分生子（胞子）**と糸状の**菌糸**から成り、菌糸を伸ばしながら増殖し、さらに胞子を形成して世代交代する。胞子が集落（コロニー）になると、カビが生えている様子を肉眼で確認できる。

❷酵母

　酵母は真菌類の一種で、**ブドウ糖をアルコールと炭酸ガスに分解する**微生物である。カビが多細胞生物なのに対して、酵母は、単細胞生物である点が異なる。多くの酵母は、出芽によって**母細胞**から小さな突起が現れて**娘細胞**となり、成長すると分離して新たな母細胞となって増殖していく。

❸細菌

　カビや酵母が核を持つ真核細胞なのに対し、細菌は細胞の中に核を持たない原核細胞で、単細胞生物である。丸い形の**球菌**、棒のように細長い**桿菌**、

らせん状の**らせん菌**などがあり、球菌の中にも、下図のようにさまざまな形状のものがある。細胞が次第に大きくふくれ上がって分裂する「二分裂法」で増殖するのが特徴だ。

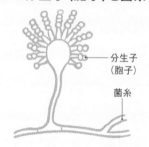

▎カビの分生子（胞子）と菌糸

分生子（胞子）

菌糸

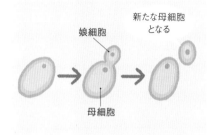

▎酵母の出芽

娘細胞

新たな母細胞となる

母細胞

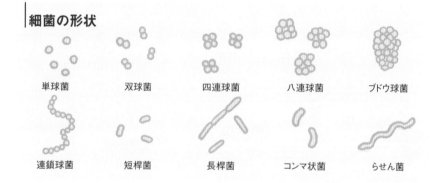

▎細菌の形状

単球菌 / 双球菌 / 四連球菌 / 八連球菌 / ブドウ球菌

連鎖球菌 / 短桿菌 / 長桿菌 / コンマ状菌 / らせん菌

微生物が発酵食品をつくり出す

微生物のおかげで「発酵」が起こり、さまざまな発酵食品が生まれる。原材料が、発酵を経てどのような食品に変化するのか見てみよう。

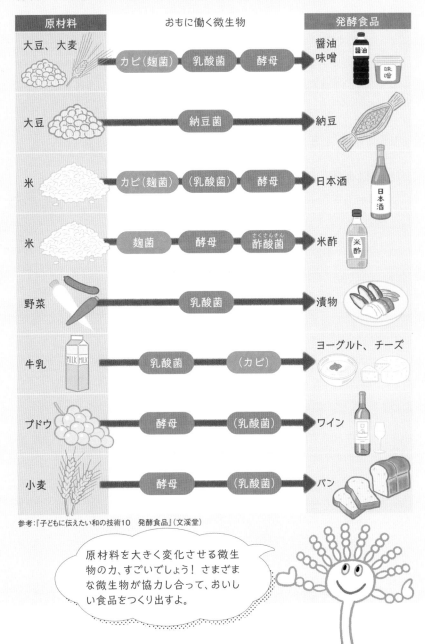

原材料	おもに働く微生物	発酵食品
大豆、大麦	カビ（麹菌） → 乳酸菌 → 酵母	醤油 味噌
大豆	納豆菌	納豆
米	カビ（麹菌） → （乳酸菌） → 酵母	日本酒
米	麹菌 → 酵母 → 酢酸菌	米酢
野菜	乳酸菌	漬物
牛乳	乳酸菌 → （カビ）	ヨーグルト、チーズ
ブドウ	酵母 → （乳酸菌）	ワイン
小麦	酵母 → （乳酸菌）	パン

参考：『子どもに伝えたい和の技術10　発酵食品』（文渓堂）

原材料を大きく変化させる微生物の力、すごいでしょう！さまざまな微生物が協力し合って、おいしい食品をつくり出すよ。

27

発酵と腐敗の違いって？

納豆を「腐った豆だ」と言う人もいるが、発酵と腐敗の違いは何か。微生物は、増殖する際に有機化合物を分解すると同時に、さまざまな副産物をつくり出す。これが**人間にとって有益な変化をもたらす現象のときは「発酵」**と呼ばれるが、**有害または無益な場合は「腐敗」**と呼ばれる。

たとえば、牛乳に含まれる乳糖に乳酸菌が作用すると、乳酸が生成されて

ヨーグルトになる。乳酸菌は腸内環境を改善するなど、人間にとって有益なため、その現象は発酵と呼ばれる。

一方、牛乳に腐敗菌が付着すると、不快なにおいが発生してまずくなるばかりか、このとき産生される毒素が食中毒を引き起こす場合もある。これは人間にとって有害な現象なので、腐敗と呼ばれる。つまり、**発酵と腐敗は人間の価値観で区別されている**のだ。

発酵と腐敗の違い

発酵　　有益　　MILK　MILK　腐敗　　有害

発酵と腐敗を分けるものは？

発酵と腐敗を区別するもの、つまり人間にとって有益か有害かの判断基準は、客観的なものではなく、その土地の文化や伝統、習慣、さらには個人の好みといった主観に左右される。

たとえば、16世紀に来日したポルトガルの宣教師、ルイス・フロイスが著書の中で「魚の腐敗した臓物」と記したのは、塩辛のことである。塩辛に触

れたことのない人にとっては、不快なにおいのする腐敗した食品ととらえられたのも仕方がないだろう。

しかし、かつて関西ではあまり食べられていなかった納豆を、現在では関西でも多くの人が食べている。そのように、発酵と腐敗の線引きとなるのは、嗜好や価値観などあいまいなもので、時代とともに変化しうる。

代表的な5つの微生物

多種ある微生物の中でも、発酵食品づくりに利用されている代表的な5種類の微生物（麹菌、酵母、乳酸菌、酢酸菌、納豆菌）を見てみよう。

1 麹菌

日本食に欠かせない麹菌

麹菌は**「コウジカビ」**とも呼ばれるカビの一種で、生物学上ではアスペルギルス属に分類される。自然界では稲藁に多く付着していて、稲作文化の根付いた日本では古くから発酵食品づくりに利用されてきた（→P89）。

味噌や醤油、酢をはじめとした伝統的な調味料を筆頭に、日本酒や焼酎のような酒類などは、加熱した米や麦、大豆などの穀物に麹菌を繁殖させてつ

麹菌の
電子顕微鏡写真

くられていて、いずれも日本食の根幹に深く関わっている。

麹菌が繁殖する際に生まれる酵素は、デンプンを分解してブドウ糖を生成したり、タンパク質を分解してアミノ酸を生成したりする働きがあり、これらが食品に甘みとうま味をもたらす。

麹菌は日本の「国菌」！

麹菌からつくられる麹の歴史は古く、弥生時代に米づくりとともに日本に伝わったとされ、奈良時代の『播磨国風土記』には麹による酒づくりの記述が残る。また、平安時代末期までには**「麹屋」**という業者が現れ、麹菌を純粋培養し、麹として販売していた。

このように、麹菌は長い歴史の中で改良されながら育まれ、ときに「家畜化された微生物」ともいわれている。日本醸造学会は、麹菌が日本の豊かな食文化に貢献してきたとして、2006年に日本の**「国菌」**に認定した。

カビを用いた発酵食品は、アジアの多湿な地域で見られるけど、中国や台湾、朝鮮半島などでは「クモノスカビ」の一種を利用していて、日本の「コウジカビ」とは異なるよ。

2 酵母

さまざまに活躍する酵母

酵母は発酵の過程でブドウ糖などを分解し、アルコールと炭酸ガスをつくり出す。日本酒やビール、ワインなど**酒類の醸造で中心的な役割を果たす**ほか、**醤油の醸造やパンづくりにも利用**されている。また、発酵過程で香り成分を生み出すことでも知られ、発酵食品の香りを担う役割を果たしている。

酵母は自然界のいたるところに生息

酵母の電子顕微鏡写真

しているが、特に醸造場などに生息することもあり、目的に応じて有効に働く場合がある。

清酒づくりに欠かせない清酒酵母

一般的に清酒（日本酒）を醸造する際に使われているのが、清酒酵母である（→P185）。古い酒蔵では、長い年月とともに蔵独自の環境で育まれてきた**「蔵付き酵母」**で醸造していたが、品質の安定が難しかった。

現在広く使われている清酒酵母は**「協会酵母」**と呼ばれ、公益財団法人

日本醸造協会が、全国の酒蔵からもろみを集めて酵母を分離し、清酒づくりに適した酵母を純粋培養したものだ。これによって、安定した品質の清酒がつくられるようになった。

醤油の風味を生む醤油酵母

醤油の醸造に使われる酵母は2種類あり、**主発酵酵母**（ジゴサッカロマイセス・ルキシー）と**後熟酵母**（カンジダ・エシェルシー）が段階的に作用する。

最初に主発酵酵母がブドウ糖に作用してアルコールをつくり出す。このアルコールが、乳酸菌によって生まれた有機酸と反応して、醤油の複雑な香り

が生まれる。その後、後熟酵母の作用によってさらに風味豊かな醤油となる。

パンをふくらませるパン酵母

パンが発酵してふくらむのは、酵母が糖を分解して生み出した炭酸ガスの働きによるものだ。パンづくりに用いられる酵母のうち、工業生産されたものを**イースト**という（→P170）。

一方、近年人気の**天然酵母**は、ドライフルーツなどに生息している酵母菌を培養したものや、ドライイースト同様に粉末状のものなど、さまざまな種類がある。天然酵母の場合、乳酸菌や酢酸菌（さくさんきん）の作用によって独特の酸味が出ることもある。

天然酵母に対してイーストが人工物だというわけではなく、イーストもまた自然界の酵母から菌を培養したもので、パンづくりに適した発酵力と安定性を備えている。

ブドウを発酵させるワイン酵母

ワイン酵母はワインの原料となるブドウに大量に付着しており、ブドウ果汁を皮ごと発酵させることで果汁中の糖類を分解し、炭酸ガスとアルコールを生成する。ブドウを放置しておくだけでアルコール発酵が進むが、品質は

安定しない。そのため現在では、**培養酵母**を用いることも多い。

ビールをつくり出すビール酵母

ビール酵母は、ビールの原料となる麦汁（ばくじゅう）に含まれる糖分を分解し、炭酸ガスとアルコールを生成する。

ビールは発酵方法によって、**上面発酵酵母**（じょうめんはっこうこうぼ）でつくられるエールビール、**下面発酵酵母**（かめんはっこうこうぼ）でつくられるラガービールの2種類に大別され（→P196）、それぞれ発酵温度や発酵期間、仕上がりの風味や香りに違いがある。

なお、ビール独特の香りは、モルトやホップに由来するほか、発酵で生まれる香り成分も影響している。

LAGER   ALE

3 乳酸菌

乳酸を生み出す乳酸菌

乳酸菌は、乳糖やブドウ糖などの糖類を分解して乳酸などの酸を生成する細菌の総称で、特定の菌の名称ではない。フランスの細菌学者パスツール（→P25）によって発見された。

乳酸菌の種類は多種多様で、丸い形の**球菌**と細長い**桿菌**がある。空気や海の中といった自然界や、人間の腸内にも存在している。

乳酸菌が利用されている発酵食品は世界中にあり、代表的なものにヨーグルトやチーズが挙げられる。伝統的な日本食では、糠漬けなどの漬物や、味噌、醤油がつくられる際にも乳酸菌が関与していることがわかっている。

乳酸菌によって生成された乳酸は、食品の風味をよくする。また、乳酸菌は食品のpH値※を下げて腐敗菌が繁殖しにくくするため、食品の保存性を高めることでも知られている。

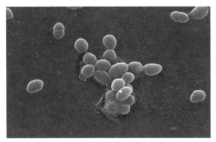
丸い形の乳酸球菌

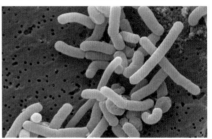
細長い形の乳酸桿菌

乳酸菌にはどんな機能がある？

人間の体内の場合、乳酸菌は小腸に多く生息し、乳酸を生成する。乳酸によって酸性に保たれた腸内で**善玉菌を増殖させたり、悪玉菌の増殖を抑えたりして、腸内環境を整える**働きがある。

しかし、食品で摂取した乳酸菌は一般的に胃酸で死んでしまい、大半は腸まで届かない。そのため最近では、乳酸菌を生きたまま腸に届ける方法や、腸内での定着・増殖方法、さらには感染症の予防や肥満、糖尿病、アレルギー

疾患の予防などについても研究が行われ、健康分野での幅広い効果が期待されている。

※pH値：その液体が酸性なのか、アルカリ性なのかを表す値。pH7が中性で、7より小さいと酸性が強く、7より大きいとアルカリ性が強い。pHは「ピーエイチ」または「ピーエッチ」と読む。

4 酢酸菌

食酢づくりに必要な酢酸菌

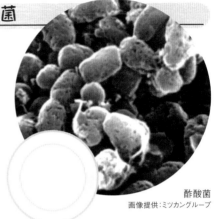

酢酸菌
画像提供：ミツカングループ

酢酸菌はアルコールを発酵させて酢酸を生み出す細菌の総称で、米酢や穀物酢などの食酢（→P78）をつくるときに欠かすことのできない菌だ。形状は桿菌のみ。**防腐・殺菌作用**があり、**ツンとする刺激臭**がある。

細菌は一般的に酸素がなくても活動できるが、酢酸菌は**好気性細菌**といって、活動するために酸素を必要とする。自然界に広く存在していて、空気中に浮遊しているほか、ウメやブドウなどの果実、リンゴの皮、花の蜜などにも存在している。

日本では一般的に、米を原料にした米酢、小麦やトウモロコシを用いた穀物酢のほか、リンゴ果汁からつくられるリンゴ酢が食酢として利用されている。ヨーロッパでは、ブドウ果汁を原料にしたワインビネガーや、麦芽を原料としたモルトビネガーなどがある。

Mini column 発酵＋α　ナタ・デ・ココと酢酸菌

独特な食感とあっさりとした味わいが特徴のナタ・デ・ココ。食物繊維が豊富で低カロリー、なおかつ満腹感の得られるヘルシーなデザートとして人気がある。実は、酢酸菌の一種を用いてつくられる、フィリピンの伝統的な発酵食品だ。

材料はココナッツウォーター（果汁）、砂糖、酢、水。これらに酢酸菌（グルコンアセトバクター・キシリナム、別名ナタ菌）を加えて2週間ほどかけて発酵させると、酢酸菌の働きで微生物セルロースと呼ばれる食物繊維が合成され、表面が凝固していく。このセルロース部分を煮て食用としたのがナタ・デ・ココだ。このときの発酵は酢酸を生成しないため、酢酸発酵とは呼ばない。

なお、ナタ・デ・ココのもととなるナタ菌は、フィリピン政府によって厳しく管理されており、輸出が制限されている。

33

5 納豆菌

稲藁に生息する納豆菌

納豆菌は**枯草菌**と呼ばれる細菌の一種で、納豆づくりに必要不可欠だ。枯草菌とは、枯れた草や土の中、特に稲藁に多く生息しており、日本産の稲藁1本あたりに約1000万個の納豆菌が付着している。1905年に農学博士の澤村眞によって発見された。

そもそも納豆は、煮た豆を稲藁で保存していたところ偶然生まれたとされている。明治時代以前は、稲藁に付着した自然の納豆菌で大豆を発酵させた「藁苞納豆」が主流だった（→P99）。しかし、稲藁は不衛生だとして、1916年に農学博士の半澤洵が納豆の衛生的な製造方法を確立し、納豆菌の純粋培養に成功した。

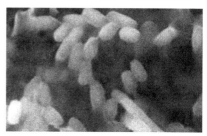

納豆菌の電子顕微鏡写真

納豆菌は極めて**耐熱性の高い細胞構造**をしているため、乾燥や熱に強く、−100℃から＋100℃の環境でも生き残ることができる。昔ながらの藁苞納豆をつくる際は、その特性を生かして、まず稲藁を煮沸して腐敗の原因となる雑菌を死滅させ、生き残った納豆菌を利用している。

納豆菌にはどんな機能がある？

納豆菌は**耐酸性が高く**、胃酸で死滅せず生きたままの状態で腸まで届き、優れた殺菌作用によって腸の中で有毒な菌の繁殖を防ぐ働きがある。

また、納豆菌が増殖する際には、ビタミンB₂をはじめとする**ビタミンB群**や**アミノ酸類**、**ビタミンK**が多く生成され、骨粗鬆症の予防効果などが報告されている。さらに、高血圧の抑制や、認知症の原因のひとつ、アルツハイマー病の予防にも役立つ可能性があるとして、研究が進められている。

和食の原点、種麹（たねこうじ）

　清酒や味噌、みりんなど、和食に欠かせない多くの発酵食品の製造に使われる米麹（こめこうじ）。米麹のもとになるのは「種麹」で、麹菌の胞子を集めたもの、あるいは胞子をたっぷり付けた麹のことです。

　種麹を使った麹製造の歴史は古く、一説には、奈良時代にはすでにあったのではないかとされています。室町時代には、種麹のつくり方は秘密中の秘密で、共有できるのは「座」と呼ばれる事業者の団体の中だけでした。そのため、麹をつくる「麹座」は非常に大きな力を持ち、麹座次第で麹を使うことができるかが、つまり味噌や酒がつくれるかが決まったのです。

　その力を削（そ）ごうとしたのが、織田信長（おだのぶなが）をはじめとする武将たち。「楽市楽座（らくいちらくざ）」の令によって麹座を解体し、そこから麹の技術が市中に流出したのです。

　では、種麹はどうやってつくるのでしょうか。それは種麹屋さんの秘伝とされています。古くからある種麹屋さんでは、ナラ、クヌギ、クリの木の葉や小枝を焼いた灰（木灰（きばい））を玄米にまぶして麹菌の胞子をつくらせます。灰の主成分であるカリウムやリンが菌体へ供給されることで、胞子の生産量が増えるのです。また、カリウムは水に溶かすとアルカリ性になります。アルカリ性下では汚染微生物は生育できず、麹菌のみが生育できるのです。現在は、木灰ではなく、食品に適した同様の物質で種麹をつくっているようですが……。

　種麹屋さんは全国に10軒ほどしかなく、その10軒で日本の発酵食品を、ひいては日本の食文化を支えているのです。

種麹を蒸した米に振りかけて、温度を調節して麹菌を培養したものが「米麹」となるよ（→P90）。

35

発酵食品の歴史

世界各地には、その土地で受け継がれている多様な発酵食品がある。それらはどのようにして生まれたのだろうか。発酵食品の歴史を見ていこう。

発酵食品の起源

発酵食品の誕生は偶然?

かつては、収穫した食料や獲物を保存する方法は限られていた。収穫物が雨に濡れたり、高温多湿な環境に置かれ続けたりする中で、微生物が作用し、においに変化が起こったり、カビが生えたりしただろう。しかし、貴重な食料を無駄にできず、食べてみると意外においしかったのではないだろうか。

このように、発酵食品は自然環境による**偶然の産物**だったが、やがて人の手が加えられ、より**日持ちして味のよいものに進化**していったと考えられる。

古代文明で生まれた発酵食品

世界の発酵食品の中で最も古いものは、酒か発酵乳と考えられている。約8000年前にはコーカサス地方で**ワイン**が生まれ、古代エジプトやギリシャを経てヨーロッパへ伝わった。現在のジョージアには、ワイン醸造に関する紀元前6000年頃の遺跡が残り、これがワイン発祥の地ともいわれている。

また、古代のメソポタミアでは麦を粉にする技術があり、約1万4500年前には**無発酵のパン**が存在していたが、その後の古代エジプトでは生地を発酵させたパンを食べていた。おそらく、野生の酵母が生地に付着するなどして偶然生まれたのだろう（→P162）。

やがて、**発酵パン**はエジプト人の主食となり、供物として神に捧げられた。古代エジプトの王、ラムセス3世の墓の壁画には、パンをつくる人たちの姿が描かれている。

乳酸発酵技術の広まり

コーカサス地方でワインが生まれた頃、中央アジアでは家畜の羊の乳から生まれた**発酵乳**を飲んでいたとされている。当時は搾った乳を木の桶や皮袋に入れており、野生の乳酸菌が混入したことから生まれたと考えられる。

乳酸発酵が起こった乳は、上層のホエイ（乳清）と下層のヨーグルトに分かれ、保存性がよく、栄養価の高いものとして食べられていた。湿度の低い中央アジアやヨーロッパでは、カビや腐敗菌が少ないことも乳酸発酵に有利に働いたのだろう。

乳酸発酵の技術は、牧畜の拡大とと

もに各地へ伝わり、羊のほかにヤギや牛、馬などの乳が用いられ、特色ある乳酸発酵食品が食べられるようになる。

やがて、乳酸発酵した乳をかき混ぜて**バター**や**チーズ**などの加工製品もつくられるようになっていった（→P144）。

アジアで生まれた発酵食品

日本を含む東アジアやメコン川流域の東南アジアは、世界でも**多様な発酵文化が発達**した地域である。湿気が多く、カビが生えやすい環境にあるからだ。**湿度が高い環境**は、微生物の活動にとって好都合なのである。

たとえば藁苞納豆（→P99）のように、蒸した豆を稲藁に包んでおくだけで納豆になったり、熟したヤシの実をそのままにしておくとヤシ酒になったりというように、多湿な場所では自然放置するだけで発酵食品になる。

東アジアの発酵食品は、**豆類を発酵させた調味料**が多いのが特徴だ。日本の醤油や味噌、中国の豆

板醤や韓国のコチュジャン（→P75）も該当する。

また、海に近い地域では、魚介類を発酵させた調味料である**魚醤**がつくられているのも、東アジア・東南アジアで見られる特徴である。

日本の発酵食品の 歴史

発酵食品のもととなるのは「醤」

　多様な発酵食品が身近に存在する日本で、その起源ともいえるのが醤である。醤は**醤油や味噌のルーツ**と考えられる調味料（→P57）。農耕が始まる前の日本でおもな食料となっていた魚介類や動物の肉、植物や木の実などを塩漬けにして保存しているうちに、自然発酵したものだと考えられている。

　中国では周王朝の時代（紀元前1000年頃）の文献『周礼』に醤の記録が残っており、これが日本に伝わったという説がある。日本の記録では、701年に制定された「大宝律令」に「主醤」という官職があり、醤を管理していた。

のちに「醤院」として独立し、醤を専門に製造、管理していたことから、醤が当時の食事においても重要な位置付けにあったことがうかがえる。

　その頃の醤は大豆や米、麦などの穀類を原料にした**穀醤**だった。その後、獣肉や魚介などを塩漬けにした肉醤や魚醤、野菜や果物を塩漬けにした草醤（漬物など）が生まれ、日本人の食生活に根付いていった。

麹によって育まれた発酵文化

　奈良時代になると、**米麹**を用いた醸造技術が中国から伝わり、日本各地に広まっていったとされる。宮内省に属して日本酒づくりを専門に行っていた役所「造酒司」も、この頃に設置されている。

　現在のように味噌づくりに麹が使わ

れるようになったのは、平安時代に入ってからのこと。日本の食文化の原点ともいえる麹の重要性はますます増し、麹の製造販売権を独占する**「麹座」**が誕生する（→P35）。その背景には、種麹に必要な麹菌を木炭で分離・増殖させる技術を得たことがある。

麹座は日本各地に存在したけど、なかでも有名だったのは京都・北野天満宮の「北野麹座」。京都全域の麹製造販売の権利を独占し、酒蔵による麹づくりを一切禁じたため、酒蔵との対立がエスカレート。1444年に「文安の麹騒動」が起こり、北野天満宮の社殿の大半が焼失したよ……。

日本酒の起源は口噛み酒

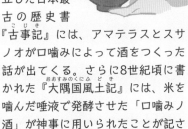

日本では縄文時代に、ヤマブドウやクリなどの果実や木の実を発酵させた酒がつくられていたと考えられている。当時は、原料を口の中で噛んで出た唾液をためて発酵させるという、口噛みの方法が用いられていた。唾液に含まれるアミラーゼという消化酵素が、原料のデンプンを分解してブドウ糖をつくり、これが空気中の酵母に反応して発酵するというしくみだ。昔の人々は唾液が酒づくりに役立つことを経験的に知っていたのだろう。

7世紀に成立した日本最古の歴史書『古事記』には、アマテラスとスサノオが口噛みによって酒をつくった話が出てくる。さらに8世紀頃に書かれた『大隅国風土記』には、米を噛んだ唾液で発酵させた「口噛みノ酒」が神事に用いられたことが記され、同様の風習が100年ほど前まで続いていた地域もあった。

日本で発酵文化が発展した理由は?

❶高温多湿な気候

高温多湿な日本では、カビが発生しやすく、腐敗が進みやすい。食料を長期保存するために塩漬けにしたのは、暮らしの知恵だったのだろう。その中で、麹菌のように発酵食品に適したカビをうまく利用し、調味料や食品に役立ててきた。

❷肉食を避ける文化

675年に天武天皇が肉食禁止令を発布してから、1871年に明治政府が肉食を推奨するまでの長期にわたり、日本では公に肉食が禁止されていた。そのためタンパク源を魚に頼り、豊漁のときは塩漬けにして保存するように。それが自然発酵して、魚醤やなれずしのような水産発酵食品が生まれた。

❸稲作と大豆

日本の発酵文化と切り離せないのが稲作だ。というのも、稲藁には日本の発酵文化の根幹となる麹菌が多く付着しているからである。米を主食とする中で、日本人は自然に麹菌を発酵食品に生かしてきた。

また、仏教の影響で肉食を避け、タンパク源として大豆を栽培していたことも大きい。稲藁の麹菌から米麹ができ、大豆と出合って味噌や醤油を生み出した。また、煮豆を稲藁に包むことで納豆菌が増殖し、納豆が生まれた。

発酵食品の歴史

BC7000年頃	中国で米・果実・ハチミツなどから**醸造酒**がつくられる
BC6000年頃	現在のジョージアでワイン醸造が行われる（**ワインの発祥**）
BC6000〜BC4000年頃	中央アジアの遊牧民が羊やヤギの乳からできた**発酵乳**を発見する
BC4000年頃	メソポタミアのシュメール人によって**ビール**がつくられる 古代エジプトで**ワイン**の醸造が始まる
BC3000年頃	古代エジプトで**ビール**と**発酵パン**がつくられる
BC1000年頃	中国の文献『周礼（しゅうらい）』に醤（ひしお）の記録が残る
532〜549年頃	中国最古の農業書『斉民要術（せいみんようじゅつ）』が記され、**醤油**などさまざまな発酵食品の記述が残る（→P57）
712年	『古事記（こじき）』成立。**米を噛んでつくった酒**の記述が出てくる
716年	『播磨国風土記（はりまのくにふどき）』に**麹**による酒づくりの記述がある
1246年	京都・石清水八幡宮（いわしみずはちまんぐう）で**「麹座」**が開かれる
1444年	「文安（ぶんあん）の麹騒動」が起こり、麹座の制度が崩壊する
1545年	天文（てんぶん）14年、再び北野麹座によって麹が独占される
1673年	オランダのレーウェンフックが自作の顕微鏡で**微生物を発見**（→P25）
1857年	フランスのパスツールが乳酸菌による**乳酸発酵を発見**
1860年	フランスのパスツールが酵母（こうぼ）による**アルコール発酵を発見**
1905年	農学博士の澤村眞（さわむらまこと）が**納豆菌を発見**
2006年	日本醸造学会により麹菌（こうじきん）が**「国菌」**に認定される（→P29）
2010年頃〜	日本で**発酵食品がブームに**

近年、発酵食品は世界でも注目されているよ。

金内誠の
発酵コラム❷

発酵食品と食文化

　各国・各地域の発酵食品は、その土地の食文化に深く関係しています。たとえば、アルコール飲料の多くは主食に由来するといわれます。米を主食とする日本では、米を使った日本酒が発展しました。同じく、中国、韓国、台湾など米を食す地域でも、米を使ったお酒が中心です。麦を食すヨーロッパでは、ビールが多くつくられています。このように、食生活とお酒には緊密な関係があり、食文化を形成しているのです。

　お酒はまた、調味料としても発展しました。お酒は腐ることがあります。このとき酢酸菌（さくさんきん）が生育し、アルコールをエサに発酵し、酢をつくり出すのです。日本では、日本酒や酒粕などからお酢をつくり、ビールをよく飲む地域では麦芽酢（モルトビネガー）（→P80）がつくられます。

　お酢のおかげで、日本では酢飯（すめし）の上に魚をのせた「早ずし」が発明され、現在のすしへと発展しました（→P79）。またイギリスでは、モルトビネガーからウスターソースが生まれたともいわれます。

　日本酒の搾りかすである酒粕（しぼ）からは、奈良漬けなどの漬物も誕生しています。また、清酒（せいしゅ）づくりの原料のひとつに米麹（こめこうじ）があり、米麹自体も味噌や塩麹、甘酒、魚のなれずし（→P126）などといった独自の発酵食品へと発展していきました。

　日本の発酵食品が豊かなのは、温暖な気候でコウジカビが生育しやすかったことが関係しますが、米をはじめ、さまざまな農作物が生育できたことも大きいでしょう。特に主食となる穀物の生育が、その土地ならではの発酵食品の発展に大きく関係しているのです。

発酵食品のメリット

伝統的な発酵食品が今も多く食べられているのは、さまざまな利点・魅力があるからだ。特に注目すべき発酵食品のメリットを紹介しよう。

1 保存性が向上する

長期保存を可能にする拮抗作用

味噌や醤油をはじめ、発酵食品は長期保存が可能なものが多い。これを可能にしているのが、微生物が持つ**拮抗作用**である。

拮抗作用とは、特定の微生物が一定数以上存在すると、ほかの微生物が侵入したり、繁殖したりできなくなる現象のこと。つまり、その場所は**特定の微生物の独占状態**になる。

そのため、麹菌や乳酸菌などの微生物が大量に繁殖した状態の発酵食品は、**食中毒菌などの腐敗菌が増殖しに**くい環境になっている。本来ならすぐに腐ってしまうはずの肉や魚が、発酵桶の中で腐ることなく長期保存ができるのは、そのためだ。

また、それぞれの微生物には生育に適したpH値（→P32）の範囲があり、pH値が低い環境下では腐敗菌は繁殖が難しくなる。発酵の過程で生成される乳酸や酢酸が、pH値を下げることで腐敗を防ぐほか、酵母が発酵の過程で生成するアルコールの殺菌効果によっても、腐敗菌の生育を抑えている。

拮抗作用のイメージ

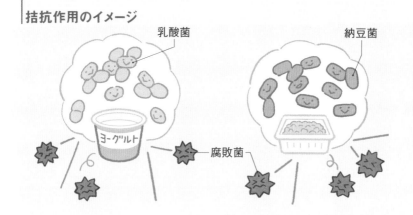

乳酸菌

納豆菌

ヨーグルト

腐敗菌

2 栄養価の向上と健康効果

腸内環境を整える

人の体内には多くの細菌が存在し、なかでも腸には100兆個もの細菌がいるとされる。

腸内細菌は免疫機能にとって重要な働きをし、健康に役立つ**善玉菌**と健康に害を及ぼす**悪玉菌**、そのどちらでもない**日和見菌**（ひよりみきん）という3種類のバランスを保つことが健康維持に欠かせない。理想的な割合は、善玉菌20％、悪玉菌10％、日和見菌70％とされている。

しかし、日和見菌は、その名のとおり、腸内で勢力の強いほうの味方になる性質を持つ。そのため、つねに腸内細菌の数が善玉菌＞悪玉菌の割合になるように維持することが大切だ。

善玉菌の代表的なものに、ヨーグルトや漬物に多く含まれる**乳酸菌**や**納豆菌**がある。乳酸菌は、そのものが善玉菌であるうえ、ほかの善玉菌を助ける働きがあることが認められている。ま

た納豆菌は、悪玉菌の働きを抑制することで知られる。

そのため、これらの発酵食品の摂取が腸内環境を整え、**免疫力向上**につながるとされている。逆に、腸内の悪玉菌が増えると免疫機能が下がり、体にとって害のある細菌やウイルスの侵入を防ぐことができなくなる。

つまり、発酵食品は健康維持に欠かすことができないということだ。

腸内環境を整える発酵食品

チーズ

ヨーグルト

漬物

納豆

代謝をアップさせる

代謝とは、生命活動を維持するために体内で起こる化学反応の総称のこと。外部から取り込んだ物質を体内で分解・合成することでエネルギーを生み出したり、消費したりする働きをいう。つまり、代謝が低いとエネルギーや栄養素の利用効率が悪くなる。

ヒトの**代謝を促進する効果があるビタミンB群**は、多くの発酵食品に含まれていることで知られる。

たとえば、納豆に含まれるビタミンB₂の量は、大豆を煮たときの約10倍にもなる。米麹にもビタミンB群が大量に含まれている。さらに酢には、血行を促進して代謝を高める効果が認められている。

代謝を上げる発酵食品

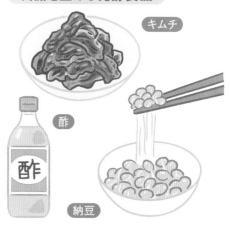

キムチ

酢

納豆

老廃物の排出を助ける

老廃物の排出を助ける発酵食品

ヨーグルト

納豆

キムチ

老廃物とは、代謝によって必要な栄養素が利用されたのちに残った不要物のこと。腸内ガスや尿、腸内にたまっている便などが老廃物にあたる。

老廃物は、基本的には便や尿、汗とともに排出されるが、大腸の機能が低下するとスムーズに排出されずに体内にとどまり、体調不良の原因となる。

乳酸菌や納豆菌などを含む発酵食品が腸内環境を改善することはすでに触れたが、それが便秘の改善につながり、老廃物の排出を促す。また悪玉菌の中には、腸内で酪酸や酢酸などをつくり、ぜん動運動を促進するものもある。重要なのはあくまで、善玉菌と悪玉菌、日和見菌のバランスだ（→P43）。

44

悪玉コレステロールを減らす

コレステロールは血中に含まれる脂質の一種で、**LDL（悪玉）コレステロール**、HDL（善玉）コレステロール、中性脂肪などの総称である。

血中のLDLコレステロールが増えたり、HDLコレステロールが減ったりすると、血管が狭くかたくなる動脈硬化が起こり、脳梗塞や心筋梗塞などの疾患の原因となる。

納豆や味噌など大豆を原料とした発酵食品に含まれる**イソフラボン**には、LDLコレステロールを減らす効果が認められている。ちなみに、発酵食品の中のイソフラボンは、大豆そのものに比べて体に吸収されやすい特徴があ

り、特に閉経後の女性にとっては骨粗鬆症予防なども期待される。

悪玉コレステロールを減らす発酵食品

味噌

納豆

抗酸化物質が豊富

抗酸化作用がある発酵食品

味噌

赤ワイン

バルサミコ酢

発酵食品には、ビタミンCやミネラル、カロテン、ポリフェノールなど、**抗酸化物質**が豊富に含まれていることが知られている。体内の活性酸素が過剰になると、細胞を傷つけてがん細胞を産生したり、メラニンを生成して肌トラブルを引き起こしたりする。病気や老化の原因となる活性酸素の発生を抑え、生活習慣病を予防してくれるのが、抗酸化物質だ。

特に、赤ワインやバルサミコ酢などには**ポリフェノール**が豊富に含まれる。発酵食品は、美しい肌や髪を維持し、若々しさを保つアンチエイジングフードでもある。

45

ストレスを軽減する

漬物やヨーグルトなどの乳酸菌には、アミノ酸の一種であるGABA（γ-アミノ酪酸）が含まれている。GABAは、緊張やイライラを和らげる**抗ストレス作用**や、**血圧の上昇抑制作用**があるとして注目されている成分。神経の興奮をしずめ、リラックス効果があるため、眠りの質の改善にもつながる。

GABAは、もともと脳や脊髄などの中枢神経に多く存在しているが、加齢や強いストレスによって減少し、不足しがちに。漬物やヨーグルトなどの乳酸菌の中に多く含まれるほか、味噌や納豆にも存在する。

ストレスを軽減する発酵食品

糠漬け

キムチ

ヨーグルト

③ 風味が向上する

うま味がアップする

うま味

味噌

鰹だし

発酵によってもたらされる味の変化の特徴に、**うま味**がある。うま味とは、甘味、酸味、塩味、苦味と並ぶ味覚のひとつで、日本人によって発見された。

大豆を発酵させてつくる味噌や醤油などの発酵調味料は、大豆そのものを口にしたときよりもはるかに豊かで奥深いうま味を感じる。**発酵によって食材のうま味が増す**ためだ。うま味の正体は、食材の発酵によって生まれるアミノ酸の一種・**グルタミン酸**や、核酸の一種・**イノシン酸**などの成分である。

うま味は、古くから発酵食品を多く食べ、鰹節でだしをとってきた日本人だからこそ感知できた味覚。近年は、だしをきかせることで塩分の取り過ぎを防ぐなど、減塩料理にも生かされている。

納豆がおいしくなるしくみ

1 煮た大豆にはタンパク質が豊富に含まれている

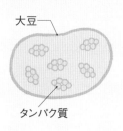

大豆

タンパク質

2 タンパク質に納豆菌が付着して、増殖していく

納豆菌

3 納豆菌の酵素がタンパク質を分解し、アミノ酸を産生する

アミノ酸

香りの変化が生まれる

日本の発酵食品の代表格である納豆は、原料の大豆とは大きくかけ離れた香りがする。味噌や酢、漬物、鰹節、チーズなども、発酵することで**原料とは別物の独特の香り**がある。また、日本酒やワインのように、発酵することで**フルーティーな香り**が生まれるなど、芳醇な香りを放つ発酵食品もある。

発酵食品が持つ食欲をそそるような香りや、ときに「くさい」と感じられるようなクセの強い香りは、**原料が発酵する過程で微生物の代謝によって生成される**ものである。

たとえば清酒の場合は、麹菌がつくり出すアミラーゼという酵素がデンプンをブドウ糖に分解し、それを酵母が取り込んでアルコールや香気成分を生成する（→P185）。香気成分は微生物の種類や原料によって異なり、製品を特徴付けるものとなっている。

発酵の利用

発酵というと食品や調味料が思い浮かぶが、食品以外でも発酵技術は大いに利用されている。私たちの生活を豊かにする発酵産業を見ていこう。

1 医薬品分野

抗生物質と消化剤の開発

発酵産業の中で、食品以上に大きな市場規模を持つのが、医薬品や化学薬品の分野だ。特に身近な医薬品に、細菌性感染症の治療に用いられる**抗生物質**がある。イギリスの細菌学者、**アレクサンダー・フレミング**が1928年に発見した**ペニシリン**は、アオカビがつくり出す物質の抗菌作用から開発された。

また、1943年にはアメリカの微生物学者、セルマン・ワクスマンらが、放線菌の一種である**ストレプトマイセス**が、結核の治療に役立つ物質をつくり出すことを発見した。これらの抗生物質は、第二次世界大戦後に普及し、肺炎や結核などによる死者の激減につ

ながった。

消化を助ける胃腸薬の**「タカジアスターゼ」**も、発酵技術によってつくられた医薬品である。これは、1894年に日本人科学者の**高峰譲吉**が発明したもので、世界で初めて商業利用された酵素製剤だ。高峰は、小麦の皮である「ふすま」にコウジカビを培養し、そこから抽出した糖化酵素（ジアスターゼ）やタンパク質分解酵素などから消化剤をつくった。タカジアスターゼは広く普及し、発明から100年以上経った現在でも生産、販売されている。

高峰はまた、アドレナリンと呼ばれるホルモンも発見した。

イギリスの細菌学者
アレクサンダー・フレミング
（1881〜1955年）

タカジアスターゼの
発明者、高峰譲吉
（1854〜1922年）

各種ビタミンの生産

　発酵技術は、生物の生理機能の調節に必要な各種ビタミンの生産にも生かされている。たとえば、生物の成長を促進し、皮膚や粘膜のほか、髪や爪などの細胞の再生に関わる**ビタミンB2（リボフラビン）**は、カビや酵母の発酵を利用して工業的に生産されている。また、DNAの生成を助けるビタミンB12は、細菌を使って生産されている。

　このように、発酵技術はさまざまな栄養成分の製造にも生かされており、私たちの健康に役立てられている。

② 化学製品分野

幅広く活用されている有機酸

　有機酸は、酸性の性質を持つ有機化合物の総称で、**酸味**を示す原因物質のひとつ。微生物の力を利用してつくられている化学製品の代表的な物質で、酸化を防止したり、抗菌性が期待されたりと、食品添加物の製造をはじめ、幅広い分野で利用されている。

　たとえば**乳酸**は、清涼飲料水の酸味料、医薬品、化粧品、織物工業などに用いられている。ほかに、黒麹菌を発酵させてつくる**クエン酸**、細菌などを発酵させてつくる**リンゴ酸**など、有機酸は発酵産業全体の中で生産割合が非常に大きい。

アミノ酸と核酸の生産

　ヒトの体をつくるタンパク質を構成するアミノ酸は20種類。そのうちの**グルタミン酸**の大量生産が発酵技術によって可能になったのは、1955年のことだ。その後の研究で、体内でつくることができないため、食事などから摂取する必要がある必須アミノ酸9種類を含む、多くのアミノ酸も生産できるようになった。

　昆布だしのうま味成分として知られるグルタミン酸ナトリウムは、市販の

うま味調味料などに利用されている。

　また核酸は、ヒトの体内で細胞が新しく生まれ変わるために必要不可欠な物質であるとともに、老化を予防して若さを保つために必要な物質。鰹だしのうま味成分である**イノシン酸**や、干しシイタケのうま味成分である**グアニル酸**も核酸の仲間であり、これらの有機化合物は発酵技術によって生産されている。

49

3 生活用品分野

分解酵素を洗剤に活用

私たちの暮らしの中で利用されている発酵技術の代表的なものに、酵素洗剤がある。食べこぼしや汗など、衣類についたシミの大半は、おもにタンパク質や脂肪によるもの。それらの汚れを効果的に落とすために、**微生物がつくり出す分解酵素**が役立てられている。

タンパク質を分解する**プロテアーゼ**や、脂肪を分解する**リパーゼ**は、洗濯用洗剤に使われている代表的な酵素。また、デンプンを分解する**アミラーゼ**を活用しているのが食器用洗剤で、食器についたご飯粒などのデンプンを分解してくれる。

近年、さまざまな酵素を配合した洗剤が開発され、生活を便利にしている。

酵素が汚れを分解する

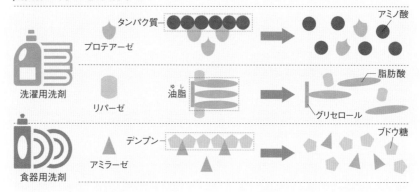

発酵化粧品の開発

化粧品の分野で注目されているのが、**コウジ酸**である。コウジ酸は、麹菌が糖を分解する過程で生まれる物質で、肌のシミやソバカスの原因となるメラニン色素を抑制する効果があることがわかっている。これは、酒づくりを担う杜氏の美しい肌に着目して研究されたもので、現在はコウジ酸を含む化粧品が実用化されている。

そのほかにも、天然由来の発酵によって生成されたアミノ酸やミネラルなど、さまざまな物質を配合した発酵化粧品が多く開発されていて、高い保湿性やアンチエイジング効果が期待されている。

発酵を利用した藍染(あいぞめ)

発酵技術を用いた染料には、日本の伝統的な染物である**藍染**が挙げられる。

藍染の原料となる植物の**タデアイ**はさわやかな緑色で、青い色素のインディゴが含まれておらず、そのままでは染めることはできない。そのため、伝統製法では複雑な発酵工程を経る。

まず、タデアイの葉を乾燥させてから100日ほどかけて発酵させ、染料のもとである「すくも」をつくる。すくものままでは色素が水に溶けないため、小麦の皮（ふすま）や植物のアクなどを加えてさらに発酵させて、水に溶ける状態にして布を染めるのだ。

発酵が落ち着いた藍液(あいえき)に浸した布は、色素成分を空気に触れさせることで酸化し、不溶性となる。藍染特有の深い青は、手間暇かけた末に生まれる。

藍染に使われるタデアイには青さはなく、発酵により青い色素（インディゴ）が生まれる

発酵によって不溶性のインディゴが水溶性となり、染められるようになる

④ 環境分野

発酵技術を生かした廃水の浄化

生活廃水や工業廃水などの下水処理においても、発酵技術が重要な役割を果たしている。おもな浄化方法の**メタン発酵法**と**活性汚泥法(おでい)**を見てみよう。

メタン発酵法は嫌気性排水処理ともいい、酸素を必要としない嫌気性細菌(けんきせい)などの微生物の力で、廃水に含まれる有機物を二酸化炭素とメタンガスに分解する。発生したメタンガスは、ボイラーや発電などの燃料に利用される。

一方の活性汚泥法は、酸素を必要とする好気性微生物(こうきせい)の働きを利用した浄化方法で、微生物や藻などを含む泥を用いて、廃水中の有機物を分解する。分解によって汚れが取り除かれた上澄(うわず)み液は河川や海に流され、底に沈んだ汚泥は有機肥料や埋め立て用の資源として利用される。

堆肥（コンポスト）の生産

植物の成長に欠かせない堆肥にも、発酵の力が役立てられている。

堆肥は、**微生物の力で生ごみなどの有機物を分解してつくる肥料**のこと。英語では「コンポスト」という。落ち葉が積もって自然に発酵して分解されたり、野菜くずや家畜の糞尿などを発酵させたりして、古くからつくられてきた有機肥料だ。

伝統的な方法では堆肥をつくるのに5年近くかかるが、福島県のある企業が開発した巨大な発酵処理施設では、微生物を利用することで生ごみや家畜

堆肥の山をブルドーザーでかき混ぜている様子

の糞尿などの有機性廃棄物を、わずか25日間で堆肥に変えることに成功。この堆肥は、植物の生育に必要な微量ミネラル成分が豊富に含まれていることに加え、生ごみの焼却処分をしないことで環境への負荷が軽減するという点でも注目されている。

5 エネルギー分野

メタン発酵によるメタンガスの生成

日本はエネルギーの85％以上を化石燃料に依存しているが、化石燃料の使用による地球温暖化や資源の枯渇などが大きな問題となっている。そこで、

牧場にバイオガス施設が併設されていることも

化石燃料に替わるエネルギー源のひとつとして、**バイオエネルギー**が注目されている。

微生物による発酵を利用してつくるエネルギーのうち、すでに実用化されているものには、**メタン発酵によって生成されるメタンガス（バイオガス）**がある。これは、有機物を含む工業廃水や生ごみ、紙ごみ、家畜の糞尿などでメタン生成菌を発酵させたときに出るガスを有効利用するもの。発生したメタンガスは発電に利用されるほか、発酵残さ（微生物の食べ残し）は肥料として農業にも活用される。

メタンガスの生産と利用

出典：環境省「メタンガス化が何かを知るための情報サイト」

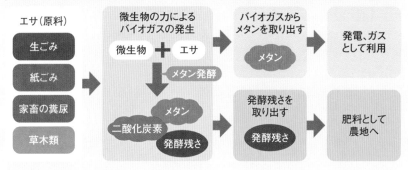

水素発酵の活用

　微生物による**水素発酵**も、近年注目されている。水素は酸素と結び付いてエネルギーを生み出すが、その際の副産物は水だけなので、環境にやさしいクリーンなエネルギーとされている。

　二酸化炭素を排出しない**水素エネルギー**は、化石燃料に替わる次世代エネルギーとして期待されており、多くの自動車メーカーで**水素自動車**の開発が行われている。

　現在、微生物の作用で廃棄物などを発酵させて水素を生産する方法の研究開発が進められていて、すでに水素生産に適した微生物も複数発見されているが、まだ実用化には至っていない。

酸素と水素を燃料電池に取り込んで電気を生み出す水素自動車

Mini column 発酵＋α

「FT革命」とは

　発酵学の第一人者、小泉武夫氏（東京農業大学名誉教授、発酵文化推進機構理事長）は、発酵の力で地球規模の課題を解決する「FT革命」を提唱。「F」は発酵（Fermentation）、「T」は技術（Technology）で、発酵技術による革命を意味する。

　小泉氏は、FT革命で、①地球環境の清浄化、②微生物製剤による難病（がんなど）の克服、③微生物菌体などを用いた食料の増産、④安心安全な微生物生産エネルギーの開発と実用化などによって、地球と人にやさしい社会の構築を提唱している。

御御御付け
〜味噌と健康〜

味噌

　味噌は、栄養価に優れた食材のひとつで、味噌の栄養価の高さは古くから知られていました。"体力勝負"で戦い続けていた戦国時代には、味噌を積極的に食事に取り入れていたようです。

　たとえば、甲斐の武田信玄は「信州味噌」の製造を奨励しました。また、徳川家康は、独特の豆味噌をつくらせていました。居城の岡崎城から八丁（＝約870m）離れている味噌屋に味噌をつくらせていたとか、いないとか……。これを「八丁味噌」と呼んでいます。さらに、伊達政宗は「仙台味噌」をつくらせました。ほかにも戦国武将たちは独自の製造法を持ち、極秘にしていました。つまり、味噌は戦略物資だったのです。

　味噌の食べ方はいろいろとありますが、代表的なのは味噌汁です。味噌汁のことを「おみおつけ」といい、漢字では「御御御付け」と書きます。これほど尊敬語を示す「御」が用いられる食品はありません。栄養価が高い味噌汁に敬意を払って、ご飯に添えて出す汁物を指す「お付け」をさらにていねいにしたのかもしれません。

　味噌には、発酵中に大豆タンパク質が分解されてできるペプチドやアミノ酸が豊富に含まれています。また大豆の中には、リノール酸やオレイン酸などの不飽和脂肪酸が多く含まれます。これらは体内では合成されず、血中コレステロール値や中性脂肪値を低下させる作用があります。さらに、カリウムを多く含む野菜や海藻を味噌と一緒に摂取することにより、血圧上昇のリスクが低下します。味噌汁を1日3杯以上取る女性は乳がんのリスクが低下するという報告もあり、まさに尊敬すべき食品、「御御御付け」なのです。

第 2 章　日本の発酵調味料を知ろう！

醤油、味噌、酢、みりんなど、
和食に欠かせない調味料は
発酵によって生まれるものが多い。
日本の食文化を支える発酵調味料について、
歴史や製造工程も含めて紹介しよう。

醤油
SHOYU

日本人にとって毎日の食卓に欠かせない醤油。食欲をそそる香りと、素材のうま味を引き立てる味わいが魅力の、**万能調味料**だ。甘味・酸味・塩味・苦味・うま味の**「五味」が含まれ**ていて（→P62）、食材を一段とおいしくする。

醤油の起源は中国や東南アジアだとされるが、日本で独自の発展を遂げた。醤油は原料や製法によってさまざまな種類に分類され、また**地域ごとに特徴的な醤油**がつくられている。

日本における醤油の消費量は、1973年の129万kLをピークに減少し続けている。背景には、食生活の洋風化による醤油の利用減少や、健康のための減塩志向の高まりなどがある。一方、海外での生産も増えているため、世界的な醤油の認知度は上がってきている。

日本各地のおもな醤油の分布

関東をはじめとする東日本では濃口醤油、関西地方では淡口醤油など、醤油には地域性がある。

淡口(うすくち)醤油

再仕込(さいしこ)み醤油

その他

濃口(こいくち)醤油

溜(たまり)醤油・白(しろ)醤油

醤油の歴史

醤油のもととなったのは「醤（ひしお）」

醤油のルーツは、肉や魚介類、野菜などを塩で漬けた**「醤」**にある。紀元前8世紀頃の中国で醤が存在していた記録があり、『論語（ろんご）』にも孔子（こうし）が醤を常食していたことが記されている。

日本では、縄文〜弥生時代中期の遺跡から、肉や魚介類などが塩蔵・発酵（えんぞう）により醤となったものが発掘されている。

701年制定の「大宝律令（たいほうりつりょう）」には「主醤（ひしおのつかさ）」という官職の記録があり、平安時代に編纂（へんさん）された日本最古の辞書には、醤の和名「比之保（ひしお）」の文字が見られる。また、927年の文献『延喜式（えんぎしき）』には、魚介類を塩漬けにした「魚醤（うおびしお）」、野菜を塩漬けにした「草醤（くさびしお）」、穀物を塩漬けにした「穀醤（こくびしお）」に関する記述がある。

醤油発祥の地は和歌山？

醤油の誕生については諸説あるが、おもなものは以下。❶により、**和歌山県湯浅町が醤油発祥の地**といわれる。

❶金山寺味噌（きんざんじ）説

鎌倉時代、紀州（現在の和歌山県）の覚心（かくしん）という僧が、中国で覚えた金山寺味噌の製法を村民に教えていた際、偶然出来上がったという説。また、13世紀頃、中国の金山寺でつくられた金山寺味噌の製法を、紀州の興国寺（こうこくじ）の開祖・法燈円明国師（ほっとうえんみょうこくし）が伝えたという説も。

❷『斉民要術（せいみんようじゅつ）』説

紀元500年代に書かれた中国最古の農業書『斉民要術』に、醤油の製造法が詳細に紹介されており、それが日本に伝来したという説。

江戸時代に確立し、大量生産へ

「醤油」という文字が初めて文献に登場したのは室町時代のこと。初期の醤油は、味噌の製造過程で出る上澄み液（うわず）（溜）で、現在の醤油よりも**濃厚な液体調味料**だった。その後、江戸時代に入ると本格的に醤油がつくられるようになり、**18世紀に大量生産**が始まった。明治時代には近代的な生産方式へと移り変わり、輸出も増えていった。

千葉県野田市の醤油蔵が描かれた、三代歌川広重作『大日本物産図会 下総国醤油製造之図（しもうさのくにしょうゆせいぞうのず）』

©国立歴史民俗博物館

醤油の種類

醤油は、日本農林規格（JAS）法で、原料や製造方法などによって5種類に分類される。最も一般的な「濃口醤油」、関西で生産される淡い色の「淡口醤油」、おもに中部地方でつくられる濃厚な「溜醤油」、醤油を使って仕込む「再仕込み醤油」、淡口醤油よりさらに淡い色の「白醤油」の5つだ。それぞれの特徴を見ていこう。

醤油の種類と特色

醤油の種類	特色	
	原料・その他	色
濃口醤油	おもに大豆とほぼ同量の小麦	着色が強い
淡口醤油	濃口醤油と同じ原料（と米麹）	着色を抑制
溜醤油	大豆のみ、または大豆と少量の小麦	着色が強い
再仕込み醤油	生揚げ醤油に醤油麹（濃口醤油）	着色が強い
白醤油	少量の大豆と小麦	着色を著しく抑制

濃口醤油

関東を中心に全国で最も使われている醤油で、**国内消費量全体の約80％を占め**ている。大豆と、ほぼ同量の小麦などを原料とする。明るい赤褐色で、醤油独特の香りが強く、肉じゃがなどの煮物、焼き物、刺し身用のつけ醤油や麺つゆなど、**幅広く使われる。**

淡口醤油

京阪神を中心に**関西地方で生産される醤**油。濃口醤油よりも色が淡く、だし巻きや京都の懐石料理など、**食材の色や風味を生かした料理**に使われる。製造方法は濃口醤油とほぼ同じだが、塩分濃度の高い食塩水で仕込み、熟成期間は短め。米麹を加えて味に深みを出すこともある。

溜醤油

濃厚でうま味が強く、醤油の原型といわれる。原料は大豆のみ、またはごく少量の小麦粉を加える。もろみからしみ出てくる液体をくみながら、約1年間発酵・熟成させる。色は黒っぽく、とろみがあり、刺し身や照り焼きに最適。**愛知県、三重県、岐阜県**でつくられている。

再仕込み醤油

山口県をはじめとする**中国地方**でつくられている特産の醤油。仕込みの際に食塩水の代わりに**生揚げ醤油**(火入れ前の生の醤油)を使うため、一度仕込んだ醤油を再び仕込みに使うということで「再仕込み醤油」といわれる。濃口醤油よりも濃い色で、**味も香りも濃厚**。刺し身醤油などに使われる。

白醤油

淡口醤油よりもさらに**薄い色**で、**淡白な味**の醤油。主原料は小麦で、少量の炒った大豆を加え、仕込み水の塩分濃度を高くして、低温で短期間熟成させる。**強い甘みと独特の香り**があり、だしとの相性がよいので、吸い物や茶わん蒸しなどに使われる。おもな生産地は**愛知県**。

醤油の原料と製造工程

醤油は大豆、小麦、塩からつくられる

醤油の原料は、**大豆**、**小麦**、**塩**とシンプル。醤油に使われる大豆には、豆を丸ごと使う**丸大豆**と、コストが安くて分解効率がよい**脱脂大豆**（脱脂加工大豆）がある。丸大豆は脂質を多く含むため、丸大豆でつくった醤油はまろやかな風味や深いコクがある。一方、脱脂大豆は油分を取り除いたもので、

うま味のもとになるタンパク質を多く含む。現在流通している醤油の8割以上は脱脂大豆からつくられていて、そのほとんどが海外からの輸入品だ。

また小麦は、醤油の甘味やコク、香りのもとになる。小麦だけでなく、米、大麦、裸麦、ハト麦なども一部では使用されている。

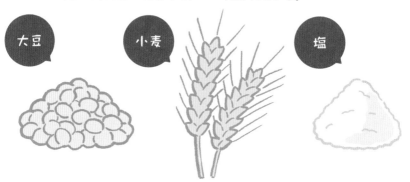

大豆　小麦　塩

醤油の製造方法は3種類ある

醤油の製法はJAS規格によって「**本醸造方式**」「**混合醸造方式**」「**混合方式**」の3つに分類される。現在国内で生産されている**濃口醤油の約8割は本醸造方式**でつくられている。製法によって原料や風味が異なり、もろみにアミノ酸液（大豆などの植物性タンパク質を酸で処理したもの）などを加えて熟成させるのが混合醸造方式、本醸造醤油または混合醸造醤油にアミノ酸液などを加えるのが混合方式だ。

● **本醸造方式** ●
蒸し大豆と炒ってくだいた小麦を混ぜ、麹菌を繁殖させて醤油麹をつくる。食塩水を加えてもろみをつくり、約1年かけて発酵・熟成させる。

● **混合醸造方式** ●
アミノ酸液、酵素分解調味液（大豆などの植物性タンパク質を酵素で処理したもの）、発酵分解調味液（小麦グルテンを分解したもの）などをもろみに加え、短期間で熟成させる。

● **混合方式** ●
本醸造醤油または混合醸造醤油にアミノ酸液、酵素分解調味液、発酵分解調味液などを加えて混ぜ合わせたもの。発酵・熟成は行わない。

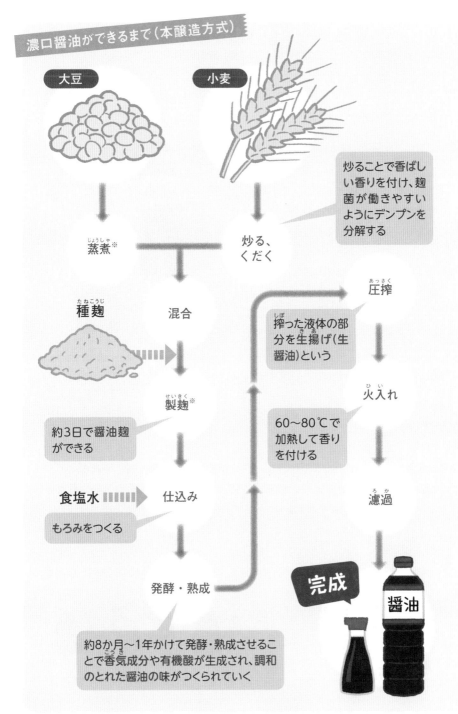

濃口醤油ができるまで（本醸造方式）

大豆

小麦

炒ることで香ばしい香りを付け、麹菌が働きやすいようにデンプンを分解する

蒸煮※

炒る、くだく

圧搾

種麹

混合

搾った液体の部分を生揚げ（生醤油）という

製麹※

約3日で醤油麹ができる

火入れ

60〜80℃で加熱して香りを付ける

食塩水

仕込み

もろみをつくる

濾過

発酵・熟成

完成

醤油

約8か月〜1年かけて発酵・熟成させることで香気成分や有機酸が生成され、調和のとれた醤油の味がつくられていく

※蒸煮：蒸してから煮ること。または蒸すように煮ること。　※製麹：麹をつくること。

醤油の おいしさと効果

醤油の味わいを生む「五味」とは

醤油には、食べ物の味を構成する「**五味**」、すなわち**甘味**、**酸味**、**塩味**、**苦味**、**うま味**のすべてが含まれる。小麦のデンプンが麹菌の酵素によってブドウ糖に変化することで甘味が生まれ、ブドウ糖を乳酸菌が分解して生まれる有機酸が酸味となる。うま味は、大豆が麹菌の酵素によって分解されて生成するアミノ酸によるものだ。これらの五味が複雑にからみ合って、醤油の味わいが生まれる。

塩味
原料の塩

酸味
乳酸、
酢酸など

醤油

苦味
アミノ酸

甘味
ブドウ糖

うま味
グルタミン酸、
アスパラギン酸
など

醤油がもたらす味の変化

醤油には次のような調理効果がある。

❶味の相乗効果：醤油のおもなうま味成分のグルタミン酸を、干しシイタケなどに含まれるグアニル酸や、鰹節などに含まれるイノシン酸などのうま味成分と合わせると、**うま味が強くなる**。

❷味の対比効果：アイスクリームに醤油を少しかけると甘みが引き立つように、2種類以上の味を混ぜると**一方または両方の味が強く感じられる**。

❸味の抑制効果：塩辛い漬物に醤油をたらすと**味がまろやかに感じられる**。

味の
相乗効果
&
うま味がより強く感じられる

味の
対比効果
&
一方または両方の味が強く感じられる

味の
抑制効果
&
一方または両方の味が弱く感じられる

醤油の香り

醤油の発酵中には、原料の小麦に含まれる糖を酵母や乳酸菌が分解してアルコールや有機酸を生み出し、多くの香気成分が生成される。なかでも特徴的なのは、**甘いカラメルのような香り**で、**HEMF（ヒドロキシエチルメチルフラノン）**という成分によってつくり出される。

また、焼き鳥やうなぎの蒲焼きなどの醤油だれには、**食欲をそそる香り**がある。これは、醤油に含まれるアミノ酸が、加熱によって砂糖やみりんに含まれる糖と化学反応を起こし、**メラノイジン**という香気成分が生まれることによる。

醤油の香りには、**肉や魚の生臭さを抑える効果**もある。これは、醤油の香気成分のひとつ、**メチオノール**の働きによる。刺し身を醤油につけるのは、生臭さを抑えるためでもある。

醤油のさまざまな健康効果

醤油はおいしいだけでなく、多くの**機能性物質**を含んでおり、健康面での効果もある。発酵中に生成されるカラメルのような香気成分のHEMFには、塩味を和らげる効果があり、がんの発生を抑制する効果も報告されている。

また、醤油に含まれるニコチアナミンという物質は、血圧上昇を抑制すると考えられている。そして、醤油の色素成分であるメラノイジンには抗酸化作用があり、さらに、醤油に含まれるイソフラボンは骨粗鬆症を予防するといわれている。

普段何気なく使っている醤油が、こんなに奥深いものだとは！料理をさらにおいしくするだけでなく、さまざまな効果・機能があり、まさに魔法の調味料だね。

63

アジアの醤油

日本だけでなく、アジア各国にも、さまざまな原料・製法でつくられた醤油がある。それぞれどのような特徴があるのか、代表的なものを見ていこう。

生抽 _{シェンチョウ}

中国の醤油には、大きく分けて「生抽」と「老抽」の2種類がある。どちらも大豆、麹、塩などの原料を発酵させてつくられる。生抽は熟成時間が短いので、色が薄い。そのため、見た目は日本の淡口醤油に似ている。塩味が強く、風味はまろやか。色が薄いため、素材の色を生かした料理などの味付けに使われる。

老抽 _{ラオチョウ}

「生抽」にカラメルを加えて加熱し、さらに熟成させると「老抽」が出来上がる。色が濃くドロッとしており、甘みに加えてカラメルの苦みも感じられる。おもに煮込み料理に使用されるほか、料理に色を付けたり、ツヤを出したりするのに適している。生抽とは味も色もかなり異なるため、購入の際は注意が必要。

カンジャン

韓国味噌のテンジャンを仕込む際、大豆を発酵させた後に濾過して取り出した液体を熟成させたもの。韓国では、煮物や合わせ調味料のベースに使われていて、日本の醤油に近い。スープや和え物によい「クッカンジャン」や、塩分控えめで甘みがあり、煮物などに使われる「ジンカンジャン」などの種類がある。

ケチャップ

大豆を原料とするインドネシアの液体調味料で、トマトケチャップのことではない。塩味が強く、日本の一般的な醤油に近い味の「ケチャップ・アシン」と、パームシュガー（ヤシ糖）やハーブなどを加えた、甘みの強い「ケチャップ・マニス」（写真）がある。ケチャップ・マニスは粘り気がありドロッとして、黒光りする濃い色が特徴。甘じょっぱく、日本のみたらし団子のたれのようだ。

シーユー

タイでは魚醤「ナンプラー」（→P138）が一般的だが、大豆からつくられる醤油も使用される。「シーユー」は濃口と淡口の2種類。濃口の「シーユーダム」は濃度が高く、甘みが強い。溜醤油のようなコクがあるため、たれや煮込み料理に適している。一方、淡口の「シーユーカオ」（写真）は、さらりとしていて濃度が低く、クセが少ないため、煮物や炒め物に合う。

トヨ

フィリピンで使われている醤油。大豆と塩のみでつくられるため、大豆の風味が濃厚で、塩味が強いのが特徴。カラメルやアミノ酸液を添加したものなど、種類が多い。フィリピンの煮込み料理「アドボ」をはじめ、広い料理に利用でき、カラメルの添加された醤油に生のトウガラシとライムを加えるだけで、おいしいたれになる。

味 噌
MISO

　味噌汁をはじめ、煮物や鍋料理、麺類などに幅広く用いられる味噌は、蒸した大豆に麹と塩を加えてつくる日本古来の発酵調味料。芳醇な香りとうま味を持ち、だしや食材と調和しながら料理に深い味わいをもたらす。

　室町時代以降、各地で味噌づくりが盛んになり、地域の気候風土や食習慣に応じて材料や製法の工夫が凝らさ

れ、地方色豊かな味噌が生み出された。おもに調味料として使われる**「普通味噌」**と、おかずのように食べられる**「嘗味噌」**に大きく分けられ、原料、味、色などによっても分類される。

　味噌の消費量は、食生活の多様化などにより減少傾向にあるが、味噌の健康機能が注目される中、各家庭で仕込む"手前味噌"を見直す動きもある。

日本各地の代表的な味噌

東日本はおもに米味噌、西日本は白味噌（米味噌）、豆味噌、麦味噌に分かれる。また、沖縄県では麦味噌と米味噌がつくられている。

- 米味噌
- 豆味噌
- 白味噌
- 麦味噌

北海道味噌
津軽味噌
秋田味噌
越後味噌
佐渡味噌
加賀味噌
府中味噌
瀬戸内麦味噌
仙台味噌
会津味噌
江戸甘味噌
相白味噌
信州味噌
東海豆味噌（八丁味噌）
御膳味噌
讃岐味噌
関西白味噌
九州麦味噌

味噌の歴史

「未醤」がなまって「味噌」に？

　日本の味噌は、奈良時代に中国から伝わった**「醤」**や**「豉」**が発展したものだと考えられる。醤は肉や魚介類、野菜などを塩漬けしたもので、醤油の原型でもある（→P57）。豉は、大豆と味噌を混ぜてつくる発酵食品で、和歌山県などに伝わる金山寺味噌（塩漬けしたウリ、ナス、シソ、ショウガと米麹を一緒に仕込み、発酵・熟成させたおかず味噌）のような嘗味噌に近い。

　平安時代に編纂された日本最古の辞書『倭名類聚抄』には、まだ豆の粒が残っている醤を意味する**「未醤」**という言葉が出ている。この「みしょう」が「みしょ」「みそ」と徐々に変化し、現在の呼び方が定着したとみられる。

武士にも愛された味噌汁

　味噌が根付き始めたのは、**鎌倉時代から室町時代にかけて**のこと。質素倹約に努める武家の間で、味噌汁をご飯にかけて食べる**「汁かけ飯」**が流行したという。味噌は栄養価が高く、保存もきくことから、戦国時代には兵糧（陣中食）として重宝され、各地の戦国武将が味噌の製造に力を入れ始めた。

　江戸時代に入ると、各地の気候風土

や入手しやすい材料、食文化などの違いから**味噌が多様化**していった。同時に庶民の間で広く食べられるようになり、ご当地の味噌や特産物を生かした郷土料理も育まれた。

味噌づくりの時短化が実現

　味噌は、完成までに一定の熟成期間を要する。明治時代以前は1〜3年間だったが、その後、熟成温度をコントロールすることで、熟成期間を3か月程度まで短縮できる**速醸法**が開発された。1960年代以降は製造全般の機械化が進み、味噌の大量生産が可能に。流通の発達とともに他地域の味噌も手軽に味わえるようになった。

　近年は、減塩味噌やだし入り味噌、液体味噌といった**商品の多機能化・差別化**が進み、即席味噌汁など味噌加工品のバリエーションも増えている。

味噌の種類

味噌は、麹の原料により大きく4つに分けられる。大豆に米麹を加えた**「米味噌」**、麦麹を加えた**「麦味噌」**、豆麹からつくられる**「豆味噌」**、これらを混合した**「調合味噌（合わせ味噌）」**だ。

さらに味によって米味噌は甘味噌、甘口味噌、辛口味噌の3種類に、麦味噌は甘口味噌、辛口味噌の2種類に分けられる。これらの味の違いは、塩の分量のほか、原料の大豆に占める麹の割合（麹歩合）によっても生じ、**麹歩合が高いほど甘みの強い味噌**になる。

また、米味噌と麦味噌は、色の濃さによって白味噌、淡色味噌、赤味噌の3種類に分類することができる。

麹の原料による分類をもとに、代表的な3種類の味噌を紹介しよう。

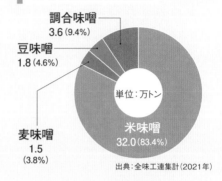

味噌の種類別出荷数量

調合味噌 3.6（9.4%）
豆味噌 1.8（4.6%）
麦味噌 1.5（3.8%）
米味噌 32.0（83.4%）

単位：万トン

出典：全味工連集計（2021年）

味噌の分類

味噌の色は大豆の処理や麹の量などと関係し、おもに熟成期間の長さで変化する。期間が短いほど白っぽく、長いほど濃い色の味噌に仕上がる。

原料による分類	味による分類	色による分類	産地	通称	配合 麹歩合	配合 塩分（%）	熟成期間
米味噌	甘味噌	白	近畿地方、岡山、広島、山口、香川	関西白味噌、府中味噌、讃岐味噌	15〜30	5〜7	5〜20日
		赤	東京	江戸甘味噌	12〜20	5〜7	5〜20日
	甘口味噌	淡色	静岡、九州地方	相白味噌	10〜15	8〜11	20〜30日
		赤	徳島	御膳味噌	10〜15	11〜12	3〜6か月
	辛口味噌	淡色	関東甲信越、北陸地方、その他全国各地	信州味噌	5〜10	12〜13	2〜3か月
		赤	関東甲信越、東北地方、北海道、その他全国各地	仙台味噌、北海道味噌、津軽味噌、秋田味噌、会津味噌、越後味噌、佐渡味噌、加賀味噌	5〜10	12〜13	3〜12か月
麦味噌	甘口味噌	淡色	九州、四国、中国地方	瀬戸内麦味噌、九州麦味噌	15〜25	9〜11	1〜3か月
	辛口味噌	赤	九州、四国、中国、関東地方		8〜15	12〜13	3〜12か月
豆味噌			愛知、三重、岐阜	八丁味噌	全量	10〜12	5〜20か月

米味噌

蒸し大豆に米麹と塩を加えてつくる米味噌は、日本における味噌のスタンダード。東日本を中心に広く使われ、**国内生産量の約8割**を占めている。一般に**白味噌**、**赤味噌**と呼び分けられ、白味噌では関西白味噌や府中味噌、赤味噌では津軽味噌や仙台味噌などが代表的。いずれもクセがなく、さまざまな料理に向いている。

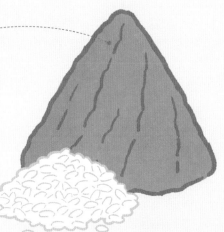

麦味噌

米麹の代わりに大麦や裸麦（はだかむぎ）の麹を使用する麦味噌は、おもに**九州・四国・中国地方**でつくられており、生産量は全体の約5％にとどまる。甘口と辛口があり、辛口は関東の一部でも生産されている。米味噌と同じく幅広い料理に向くが、加熱し過ぎると麦の風味が損なわれるため、長時間の高温調理は避けたほうがよい。

豆味噌

米麹や麦麹を用いず、**大豆と塩のみ**を原料とする味噌の総称。味噌玉（みそだま）を麹菌（こうじきん）で発酵させて**豆麹**をつくり、長期間熟成させることで、渋みや酸味を帯びた赤黒い色の味噌に仕上がる。**中京地方（ちゅうきょう）**で親しまれており、特に愛知県の「**八丁味噌**」が有名。味噌煮込みうどんや味噌カツなど、豆味噌を生かした名物料理も豊富だ。

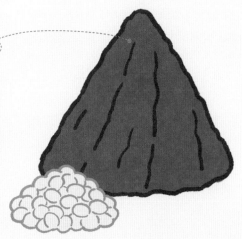

味噌の原料

大豆　米　麦　塩

品質を左右する要の素材、大豆

味噌のおもな原料は、大豆、米または麦、塩と、いたってシンプル。これらの配合や製造方法を変えることで、個性豊かな味噌が生み出される。

大豆は、味噌の仕上がりを大きく左右する主原料。粒が大きく皮の比率が少ないこと、蒸したときに色鮮やかに仕上がることなどが、味噌づくりに適した大豆の条件である。

特に、白味噌など色の薄い味噌の場合は、蒸した大豆の色が味噌の仕上がりに直接影響するため、皮が黄白色で光沢のある、鮮度のよい大豆が厳選されている。

米味噌の発酵に不可欠な米

米は、米味噌づくりに欠かせない米麹の原料。吸水性がよく、蒸したときに粘り気が少ないものほど麹に加工しやすく、条件に合う国内産のジャポニカ種※の米が長く使われてきたが、近年は東南アジア諸国から輸入されたインディカ種※の米も使われている。ジャポニカ種より吸水性に乏しく、加熱後も芯が残りやすいため、味噌に使用する際は二度蒸しにするなどが必要だ。

麹に適した麦を厳選使用

麦味噌に使われる麦は、おもに大麦か裸麦。大麦は淡黄色、裸麦は淡褐色で光沢のあるものを選び、皮の比率が少ないことや、カビなどのにおいがしないことなどが重要だ。

> 味噌の原料はシンプルなだけに、素材のクオリティが仕上がりに大きく影響するよ。

※ジャポニカ種は日本・朝鮮半島・中国東北部などでおもにつくられている米で、短く円形に近く、炊いたものは粘りとツヤがある。インディカ種は細長く、炊くとパサパサした感じになる米で、おもな生産地は中国中南部・東南アジア・アメリカなど。

味噌の製造工程

米味噌・麦味噌のつくり方

米味噌と麦味噌の製法は基本的に同じで、**麹づくり、仕込み、発酵・熟成**の順に進められる。大きな違いは、麹の原料が異なる点。**米味噌は米、麦味噌は大麦または裸麦**を麹の原料とし、それぞれ精白、洗浄、浸漬※、蒸煮などを経て製麹工程に入る。麹づくりと並行して主原料の大豆を煮て細かくつぶす作業を行い、その大豆に米麹または麦麹、塩、水を加えて混ぜ合わせることを**「仕込み」**という。

仕込みに使用する水は「種水」と呼ばれ、その加減によって発酵スピードをある程度コントロールすることができる。また、消臭や香り付け、塩辛さを抑えたまろやかな風味に仕上げる目的で、仕込みの際に酵母や乳酸菌を加える場合もある。

仕込みが完了したら、空気に触れないように上から重石をのせ、適度な温度管理のもとで半年から1年ほど発酵・熟成させる。熟成期間中の温度が高いほど、また期間が長いほど仕上がりの味噌の色が濃くなる傾向がある。

味噌が仕込まれた木樽が並ぶ味噌蔵

※浸漬：原料を水につけて、必要な水分を吸収させること。

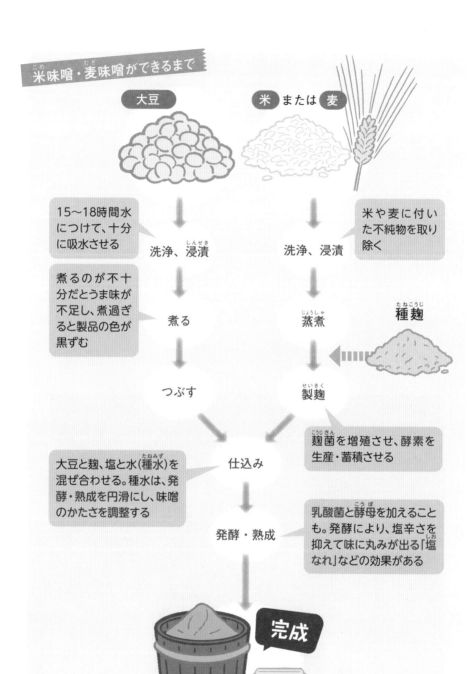

米味噌・麦味噌ができるまで

大豆

米 または 麦

洗浄、浸漬 ← 15〜18時間水につけて、十分に吸水させる

洗浄、浸漬 → 米や麦に付いた不純物を取り除く

煮る ← 煮るのが不十分だとうま味が不足し、煮過ぎると製品の色が黒ずむ

蒸煮

種麹

つぶす

製麹 → 麹菌を増殖させ、酵素を生産・蓄積させる

大豆と麹、塩と水（種水）を混ぜ合わせる。種水は、発酵・熟成を円滑にし、味噌のかたさを調整する → 仕込み

発酵・熟成 → 乳酸菌と酵母を加えることも。発酵により、塩辛さを抑えて味に丸みが出る「塩なれ」などの効果がある

完成

味噌

豆味噌のつくり方

豆味噌は、米または大麦（裸麦）からつくった麹を加える米味噌・麦味噌の製法とは異なり、主原料の**大豆そのものを麹にする**。洗浄・浸漬後に蒸した大豆を約60℃に冷ました後、球状の**味噌玉**をつくり、そこに**種麹**を振りかけて**豆麹**を製造する。

味噌玉をつくるおもな目的は、蒸した大豆の水分を取り除き、醸造の妨げとなる細菌（枯草菌）の増殖を抑制すること。内部で乳酸菌による発酵を促し、安全に麹菌を生育させることができる。一般的な味噌玉のサイズが直径2cm前後なのに対し、八丁味噌では直径4.5cm以上の大型の味噌玉をつくる。

麹菌が十分に生育したタイミングを見計らい、味噌玉を専用の機械で細かくくだき、塩と種水を加えて仕込む。熟成期間は米味噌・麦味噌と同じく半年から1年程度。ただし、八丁味噌の味噌玉は通常より大きいため、**3〜5年の熟成期間**を要する。長い熟成を経て、独特の香りや濃厚なうま味、渋みが備わる。

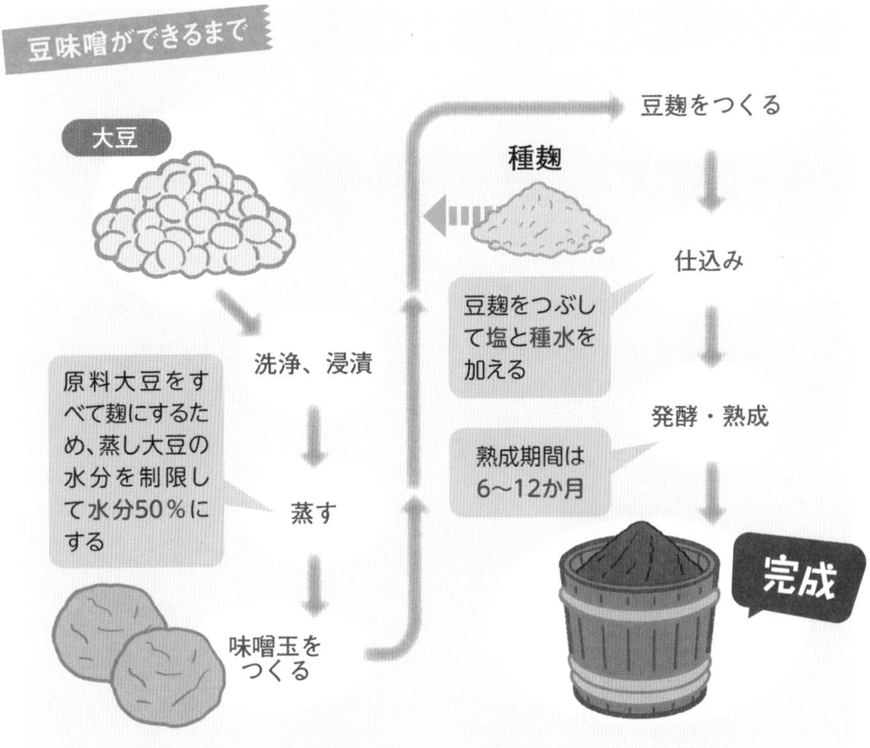

豆味噌ができるまで

大豆

洗浄、浸漬

原料大豆をすべて麹にするため、蒸し大豆の水分を制限して水分50%にする

蒸す

味噌玉をつくる

種麹

豆麹をつくる

豆麹をつぶして塩と種水を加える

仕込み

熟成期間は6〜12か月

発酵・熟成

完成

73

味噌の おいしさと効果

味噌の味わいと香り

味噌の味は、甘味、塩味、うま味、酸味、苦味などが複雑にからみ合ってできているが、特に際立つのは**甘味・塩味・うま味**だろう。原料の米（麦）のデンプンが麹のアミラーゼによって分解されることで生じる甘味、熟成中に乳酸やペプチド（2つ以上のアミノ酸が結合したもの）などの働きで塩辛味が和らぐ**「塩なれ」**によって醸し出される塩味、そして、大豆タンパクが分解されてできるグルタミン酸などのアミノ酸に由来するうま味成分だ。

そうした味が形づくられる過程で、味噌特有の**芳醇な香り**も育まれる。も

ととなるのは、酵母や乳酸菌の発酵によって生じるアルコールや各種の有機酸、エステルなどの香り成分。発酵・熟成が進むにつれ、これらが自然と混ざり合い、豊かな香りが生まれる。

注目すべき味噌の健康効果

味噌には、大豆由来の植物性タンパク質をはじめ、各種ビタミン、アミノ酸など**20種類以上の栄養素**が含まれており、注目すべき健康効果がある。味噌の主原料である大豆の健康成分、**イソフラボン**が女性ホルモンに作用し、乳がんのリスク低減につながることはよく知られている。さらに、味噌に含まれる脂肪酸の一種、**リノレン酸エチルエステル**には、胃がんのリスクを低下させる働きがあると報告されている。

一方、塩分の取り過ぎが気になる人もいるだろう。だが、味噌には血圧上昇の原因となる酵素を抑制する物質が

含まれているため、味噌汁などから塩分を摂取しても血圧上昇につながりにくいという。また、大豆に含まれるタンパク質には、コレステロールを低下させ、血管をしなやかに保つ働きがある。そのため、脳卒中や心筋梗塞、動脈硬化などの生活習慣病の予防に役立つといわれている。

アジアの味噌

中国や韓国にもさまざまな味噌が存在する。原料や製法はそれぞれ異なり、特色ある味わいを生み出す。私たちにもなじみのある代表的なものを紹介しよう。

豆板醤（トウバンジャン）

ソラマメにトウガラシと塩を加えて発酵させた、中国の代表的な辛味噌。本来は、トウガラシを入れずにソラマメだけで製造していたが、現在はトウガラシが入った辛いものが主流となっている。麻婆豆腐や担々麺の肉味噌をはじめ、炒め物や煮物、スープなどに加えると、辛さとうま味が広がり、味に深みが生まれる。

甜麺醤（テンメンジャン）

小麦粉を水で練って塩を入れ、麹を混ぜて仕込んだ中国の甘味噌。見た目は日本の八丁味噌に近い赤黒い色だが、塩分は少ない。ただし日本製のものは、大豆を入れたり、八丁味噌に糖類やゴマ油を加えたりする場合もある。回鍋肉（ホイコーロー）、麻婆豆腐、北京ダックのたれなどに使われ、そのまま肉や野菜に添えてもおいしい。

コチュジャン

韓国料理に欠かせない伝統的な辛味噌。もち米などの穀物の粉を炊いたものに、ゆでた大豆をすりつぶして固めて発酵させた「メジュ」を混ぜ、醤油とトウガラシを加え、発酵・熟成させる。コクのある甘みとトウガラシの辛さが、独特の風味となる。ビビンパ、炒め物、焼肉のたれなどに幅広く用いられる。

味噌をつくってみよう!

味噌づくりと聞くと大仕事のように思うかもしれないが、意外に工程はシンプルで、簡単につくることができる。自分で仕込んだ味噌の味わいは格別だ。

材料(2kg分)

- 乾燥大豆 ─── 500g
- 米麹(生) ─── 500g
- 塩 ─────── 200g
- 振り塩 ───── 30g
- 水 ──────── 適量

道具

- ボウル
- お玉
- 保存容器
- ざる
- 厚手のビニール袋
- ラップ
- 鍋

※保存容器は煮沸消毒かアルコール消毒しておく

つくり方

1

乾燥大豆を水につける

乾燥大豆を水できれいに洗い、たっぷりの水に一晩つける。大豆の中まで浸水させることで、やわらかくゆで上がる。

2

大豆を煮る

大豆の水を切って鍋に移し、たっぷりの水を注いで強火にかける。沸騰したら弱火にし、アクを取り除く。大豆がつかるよう水を足しながら、4〜5時間煮る。

3

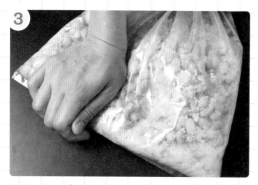

大豆をつぶす

指で簡単につぶせるかたさになったら、大豆をざるに上げる。ゆで汁は取っておく。大豆を厚手のビニール袋に入れて口を閉じ、手で押しつぶす。

※フードプロセッサーやすり鉢でつぶしてもOK

4

米麹と塩を混ぜる

ボウルに米麹を入れ、両手をすり合わせるようにしてポロポロの粒になるまでほぐす。そこに塩を加え、両手でよく混ぜ合わせる。

5
大豆に米麹と塩を混ぜ合わせる

つぶした大豆に、混ぜ合わせた米麹と塩を加え、よくなじむように混ぜ合わせる。パサつく場合は大豆のゆで汁を少しずつ加え、耳たぶくらいのかたさになるよう調節する。

6　味噌玉をつくる

両手で空気を抜きながら、握りこぶし大の味噌玉をつくる。

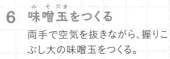

味噌玉を容器に敷きつめる

消毒した保存容器の底に振り塩の半分をまんべんなく振り入れ、味噌玉を敷きつめていく。空気が入らないようにすき間なく押し込む。

ラップをして保存する

表面を平らにして残りの振り塩を振りかける。空気が入らないようラップをぴったりかけ、容器に蓋をして冷暗所に保存する。

9
半年ほど寝かせ、完成

カビが出たら取り除き、半年ほど寝かせたら完成。長期間寝かせるほど熟成が進む。完成した味噌は、冷暗所か冷蔵庫で保存する。

第2章　日本の発酵調味料を知ろう！　味噌

77

酢
SU

料理にさわやかな風味を与えるだけでなく、食材の下ごしらえや保存などにも活用される酢。穀物や果実などから醸造した酒に、酢酸菌を加えて発酵させた液体の酸性調味料で、人が手を加えてつくった「世界最古の発酵調味料」といわれる。

その起源は古く、紀元前5000年頃の古代バビロニアまでさかのぼる。日本には4～5世紀頃、中国から酒づくりの技術とともに米酢の製法が伝わり、和泉国（現在の大阪府南部）でつくられたのが始まりとされる。高級調味料や漢方薬として使われ、江戸時代に一般的な調味料として普及した。

酢は現在、日本農林規格（JAS）法により醸造酢と合成酢に大別され、醸造酢はさらに穀物酢と果実酢、およびそれ以外の醸造酢に分類される。日本では米酢を中心とした穀物酢が一般的だが、食のグローバル化が進み、果実酢などの消費量も伸びている。

JASによる食酢の分類

醸造酢	穀類、果実、野菜、その他農産物、はちみつ、アルコール、砂糖類を原料に、酢酸発酵させた液体調味料であって、かつ、氷酢酸または酢酸を使用していないもの		
	穀物酢	原材料として1種または2種以上の穀類を使用したもので、その使用総量が醸造酢1Lにつき40g以上のもの	
		米酢	原材料として米の使用量が穀物酢1Lにつき40g以上のもの（米黒酢を除く）
		米黒酢	原材料として米（玄米のぬか層の全部を取り除いて精米したものを除く）またはこれに小麦か大麦を加えたもののみを原材料とし、米の使用量が穀物酢1Lにつき180g以上で、かつ、発酵・熟成によって褐色または黒褐色に着色したもの
	果実酢	醸造酢のうち、原材料として1種または2種以上の果実を使用したもので、その使用総量が醸造酢1Lにつき果実の搾汁として300g以上のもの	
		リンゴ酢	リンゴの搾汁が果実酢1Lにつき300g以上のもの
		ブドウ酢	ブドウの搾汁が果実酢1Lにつき300g以上のもの
合成酢	氷酢酸または酢酸の希釈液に砂糖類等を加えた液体調味料、もしくはそれに醸造酢を加えたもの		

酢の歴史

古代文明の黎明期に発祥

　酢に関する世界最古の記録は、**紀元前5000年頃の古代バビロニア**（現在のイラク南部）でナツメヤシやブドウから酢がつくられていたというもの。その後に記された『旧約聖書』には、食べ物を酢に浸して食べる習慣があったことを示す記述もある。また、「医学の父」として名高い古代ギリシャのヒポクラテスは、酢の殺菌作用に着目し、病気の治療に酢を用いていたという。

　日本で酢がつくられるようになったのは**4〜5世紀頃**。中国から酒と一緒に米酢の醸造技術が伝えられ、奈良時代に入って本格的な酢づくりが始まっ

たとされている。朝廷に設置された「造酒司」によって酒や醤とともに酢がつくられ、上流階級の調味料として、また漢方薬として珍重されていた。宮中の食膳には、肉や魚を盛った皿に、**四種器**（醤、酒、酢、塩を入れた器）が用意されていたという。

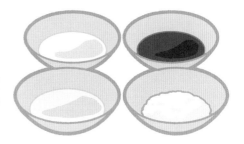

酢の普及を後押しした「すし」

　江戸時代に酢が調味料として一般に普及した背景には、「すし」の発展がある。それまでのすしは、生魚をご飯に漬け込み、1年以上かけて発酵させる「なれずし」（→P126）が主流だったが、江戸時代の初め頃、ご飯に米酢を混ぜて押しずしにする**「早ずし」**がつくられ、酢の需要が高まっていった

とみられる。

　だが、当時の庶民にとって米や麹を原料にした米酢は大変高価だったため、すしに合わせやすく、より安価な酢が必要とされた。そこで考え出されたのが、当時から低価格だった酒粕からつくった**粕酢**である。19世紀の初め、尾州（現在の愛知県）半田の酒造元が考案したといわれる。

　粕酢の普及にともない、すしのアレンジが盛んになり、幕末には握りずしやいなりずしが誕生。これらは江戸の庶民の間で人気を博し、酢もまた身近な調味料となっていった。

酢の種類

米酢（こめず）

米を原料とした日本の**代表的な穀物酢**。一般に穀物酢1Lにつき米の使用量が40g以上のものを指す。**酸味が強くコクがあり**、すし飯や酢の物など、幅広い料理に利用される。

粕酢（かすず）

日本酒の副産物である**酒粕（さけかす）**を利用してつくられる穀物酢の一種。熟成して赤く色付いたものは「**赤酢（あかず）**」とも呼ばれる。**独特のうま味と香り**があり、老舗のすし店や料亭などで愛用されている。

黒酢（くろず）

原料に**玄米**と麹を用い、**長期熟成**させた穀物酢。壺の中で発酵・熟成させるため「**壺酢（つぼず）**」とも呼ばれる。**アミノ酸やミネラル**などが多く含まれ、健康食品として注目されている。

麦芽酢

大麦麦芽と小麦やトウモロコシなどが原料の、「**モルトビネガー**」とも呼ばれる**イギリスの代表的な酢**。独特の香りとうま味を持ち、イギリスでポピュラーな「フィッシュ・アンド・チップス」に合う。

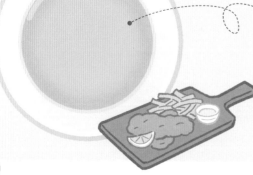

リンゴ酢

果実酢1Lにつきリンゴの搾汁を300g以上使用したもの。**さわやかな香りと穏やかな酸味が**特徴的で、**野菜との相性がよい**ため、サラダのドレッシングなどに向いている。

ブドウ酢

「ワインビネガー」とも呼ばれる、ブドウが原料の果実酢。果実酢1Lにつきブドウの搾汁の使用量が300g以上のものに限定される。やや渋みや苦みのある**赤酢**と、比較的クセのない**白酢**がある。

香醋

原料にもち米や高きび（コウリャン）を使用し、**「中国の黒酢」**とも呼ばれる。黒酢同様、**長期間熟成**させており、独特の香りを持つ。クエン酸やアミノ酸を多く含み、健康食品にも利用されている。

紅醋

もち米や赤米、紅麹をおもな原料とする、**中国・浙江省の伝統的な酢**。酸味だけでなく、甘みや香りも持ち合わせる。中国では、フカヒレ料理のほか、肉や魚のにおい消しにも使われる。

酢の 原料

穀物酢と果実酢のおもな原料は？

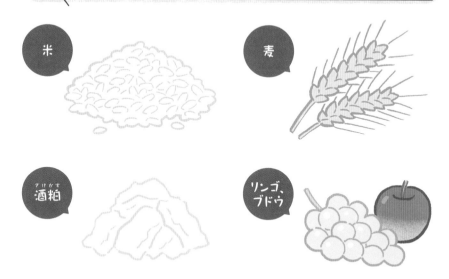

米

麦

酒粕(すけかす)

リンゴ、ブドウ

❶穀物酢の原料

穀物酢のおもな原料は、**米、小麦、大麦、トウモロコシ**などの穀物。そのうち、米を原料とする米酢(こめず)は、原料として、国内産の白米のほか、輸入米、砕米(さいまい)（精米の過程などで細かくくだけてしまった米粒）、白糠(ぬか)なども用いられている。

また、精米した白米ではなく、表皮や胚芽(はいが)の残る玄米を使用すると、ビタミンやミネラルを豊富に含んだ黒酢(くろず)（玄米酢）となる。

❷粕酢の原料

穀物酢の一種である粕酢(かすず)の原料は、**日本酒の製造工程で生まれる酒粕**。仕上がりの味や香りをよくするため、1〜

2年程度熟成させた酒粕を用いる。これに水や湯を加えて熟成酒粕を抽出し、そのまま、あるいはアルコールを添加し、酢酸菌(さくさんきん)で発酵・熟成させる。醤油のような赤褐色(せっかっしょく)をしているのは、酒粕を長期間熟成させた証だ。

❸果実酢の原料

果実酢は、その名のとおり、**リンゴ**や**ブドウ**などの果実からつくられる。果実の色や香り、糖度が反映されやすく、ブドウ酢にはワインと同様、赤と白がある。リンゴ酢には糖分の多い完熟リンゴが適しており、日本では、糖分と酸の多い「紅玉(こうぎょく)」や、糖分が多く酸が少なめの「国光(こっこう)」などの品種が使われている。

酢の製造工程

米酢のつくり方

　中国から伝えられた米酢の製造方法は、蒸し米、麹、水を1：2：7の割合で大きなかめに入れ、3か月ほど放置するというシンプルなものだった。これに対し現在は、糖化※、アルコール発酵、酢酸発酵の3工程を経る製法が一般的となっている。

　まず、蒸した米に米麹と水を加え、加熱撹拌して「もろみ」をつくり（**糖化**）、そこに酵母を加え、**アルコール発酵**させて酒をつくる。なお、純米酢以外の米酢の場合、蒸し米に穀物類や

もち米、酒粕などを加えることもある。

　濾過した酒に**「種酢」**と呼ばれる仕込み用の酢を混ぜ合わせて加温する。すると、種酢中の酢酸菌によって酒のアルコール成分が酢酸に変わり、表面発酵法（→P84）だと1〜3か月で酢になる。この工程を**酢酸発酵**という。

　出来上がったばかりの酢は、酢酸特有の刺激が強く食用に向かないため、**2〜3か月ほど熟成**させ、まろやかな味と香りの米酢に仕上げる。熟成後は濾過し、殺菌して、瓶づめする。

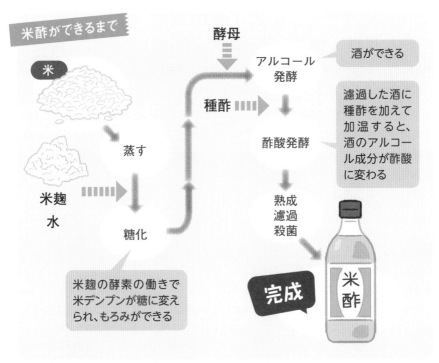

米酢ができるまで

米

米麹
水

蒸す

糖化

米麹の酵素の働きで米デンプンが糖に変えられ、もろみができる

酵母

種酢

アルコール発酵

酢酸発酵

熟成
濾過
殺菌

酒ができる

濾過した酒に種酢を加えて加温すると、酒のアルコール成分が酢酸に変わる

完成

米酢

※糖化：デンプンを糖に分解する化学反応。

表面発酵法と全面発酵法の違い

酢の製造方法は、**表面発酵法（静置発酵法）**と**全面発酵法**の大きくふたつに分けられる。

表面発酵法では、種酢の入った容器にアルコール溶液を加えて混ぜ合わせる。数日で表面に酢酸菌の薄い膜が張り、その状態を保っている間に容器内の液体が自然に循環して酢酸発酵が進み、1～3か月ほどで酢が出来上がる。

一方の全面発酵法は、機械を使って液体を攪拌して空気を送り込み、**酢酸発酵の速度を速める方法**。短期間で酸度の高い酢を大量に生産できるというメリットがあるが、味やコク、香りなどの面では表面発酵法のほうが優れているとされる。

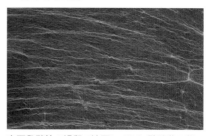

表面発酵法の過程で液面にできる、酢酸菌の薄い膜（酢酸菌膜）　　　画像提供：ミツカングループ

酢の効果

食・健康に関する酢の効果・効能とは

酢にはさまざまな効果・効能があるが、食に関するものとしては4つの機能が挙げられる。ひとつ目は、酸味による**食欲増進効果**。ふたつ目は、細菌の増殖を防ぎ、食べ物の保存性を高める**殺菌・防腐効果**。3つ目は食材の臭みを和らげる、野菜のアク抜きや変色防止に役立つといった**調理上の効果**。そして4つ目は、酢を積極的に取ることで得られる**健康効果**である。

酢の健康面での機能性は、近年の研究によって具体的な効果が明らかになってきた。特に注目されるのは、酢に含まれる酢酸やクエン酸などの多種多様な**有機酸の機能性**。有機酸には、摂取した食べ物を効率的にエネルギーに変換し、脂肪の蓄積を抑える働きがあり、血中コレステロールや中性脂肪の減少、高血圧や糖尿病の予防などに役立つことが実験的に認められている。

食欲増進効果　　殺菌・防腐効果

調理上の効果　　健康効果

みりん
MIRIN

みりんは、料理にまろみのあるやさしい甘さをもたらすだけでなく、魚などの生臭さを抑える、仕上げに加えることで照りを出すなど、さまざまな役割を備えた酒類調味料である。

一般的に**「本みりん」**と呼ばれているものは、もち米や米麹に焼酎または醸造アルコールを加えて濾してつくられ、アルコール分約14％かつエキス分（糖分）40％以上のものと定義されている。**酒税法上では酒類飲料**（混成酒）に分類され、販売にあたっては一般酒類小売業免許が必要となっている。

本みりんとよく似た調味料に、**「みりん風調味料」**や**「発酵調味料」**と呼ばれるものがある。みりん風調味料は、糖類、アミノ酸、有機酸などを混ぜ合わせたもので、アルコール分は1％未満。発酵調味料は、食塩を加えて発酵させた後に糖類などを添加したもので、料理酒などが該当する。アルコール分は14％前後だ。いずれも酒税法上の酒類に該当しないため酒税がかからず、本みりんに比べて価格が安いという利点がある。

なお、本みりんや発酵調味料はアルコール分が高いため、一般的に調理の際には煮切ってアルコールを飛ばして利用する。

本みりんと類似調味料の比較

	本みりん	みりん風調味料	発酵調味料（料理酒など）
原材料	もち米、米麹、醸造アルコール、糖類など酒税法で定められた原料	糖類、米、米麹、酸味料、調味料など	米、米麹、糖類、アルコール、食塩など
製法	糖化熟成	ブレンドなど	発酵、加塩、ブレンドなど
アルコール分	約14％	1％未満	約14％
エキス分（糖分）	約45％	約65％	約45％
塩分	0％	1％未満	約2％

みりんの歴史

諸説あるみりんの起源

みりんの起源ははっきりと定まっておらず、日本で独自に生まれたとする説と中国から伝わったとする説がある。

日本ルーツ説によれば、室町時代に記された京都・鹿苑院の公用日記『蔭涼軒日録』に「練貫酒」という甘い酒に焼酎を加えて腐敗を防止したという記述が登場し、これがみりんの発祥とされている。

また、**中国ルーツ説**では、中国の「蜜淋／美淋（ミイリン）」という甘い酒

が戦国時代に伝わったとされ、1593（文禄2）年に書かれた『駒井日記』に「蜜淋酎」とある。日本にみりんが登場した初期の頃は「蜜淋酒（酎）」「美淋酎」と表記していたことも、中国ルーツ説の裏付けとなっている。

飲用酒から調味料へと変化

みりんは本来調味料ではなく、漢方薬を加えた**お屠蘇**としてお正月に飲まれていた。現在でも一部の地域では、甘みのある**高級酒**として飲まれている。

しかし、1689（元禄2）年に出された料理書『合類日用料理抄』に「鳥醤（鳥肉の塩辛）に味淋酎を使用した」とあり、調味料として使われていたことがうかがえる。そして庶民の食文化が発達した江戸時代後期になると、現

代と同じように蕎麦つゆや蒲焼きのたれなどにも使われるようになった。

酒税法の対象であるみりんは高価であり、庶民の手には届かないものだったが、1950年代から60年代にかけて減税が実施されたことで**一般家庭にも普及**し、家庭の味として利用されるようになっていった。近年では、各種たれをはじめとする加工食品などに多く使われている。

みりんの原料と製造工程

みりんの原料はもち米、米麹、焼酎

みりんは**もち米**、**米麹**、**焼酎または醸造アルコール**をもとにつくられる。また、米麹をつくるための米にはうるち米が使われる。

現在は、みりんを飲用ではなく調味料として使うことが多いため、うま味を加えるためや品質の安定化を目的として、ブドウ糖や水あめ、コハク酸、乳酸、グルタミン酸ナトリウムなどが添加される場合もある。

みりん風調味料（→P85）の場合は、水あめなどの糖類、米、米麹、酸味料などを原料とし、アルコールをほとんど含まないため、加熱調理は不要だ。

もち米

米麹

焼酎

焼酎

みりんのつくり方

みりんの醸造方法は日本酒に似ているが、仕込み水の代わりに焼酎や醸造アルコールを用いるのが特徴だ。醸造に使われる麹菌は、日本酒や醤油と同じ黄麹菌（→P89）で、麹のよしあしがみりんの品質に影響を与える。

製造工程は、まず精米したもち米を洗って浸漬し、蒸した後、米麹と混ぜ合わせて仕込みを行う。このとき米麹の量が多いと香味が濃くなり、くどい甘さになる。その後、40日から60日かけて**熟成**させることで、米麹中の酵素がもち米のデンプンやタンパク質を分解し、**糖類**や**アミノ酸**、**有機酸**、**香気成分**が生成される。これがみりん特有の甘みやうま味となる。

もち米が分解され、もろみと呼ばれる状態になると、糖化・熟成の完了。もろみを圧搾（上槽）して、液体（みりん）を分離する。このときにできる搾り粕は、粕漬や甘酒などにも利用される。上槽したばかりのみりんには澱と呼ばれるにごりがあるため、貯蔵によって澱を沈殿させる（澱引き）。それから上澄み部分を濾過し、殺菌した後、さらに熟成させる。

みりんができるまで

うるち米 → 洗米、浸漬 → 蒸す → 製麹

もち米 → 洗米、浸漬 → 蒸す

種麹

蒸した米に種麹をかけ、米麹をつくる

仕込み → 熟成 → 圧搾 → 完成

仕込み　米麹、蒸したもち米、アルコール（焼酎など）を仕込み、もろみをつくる

熟成　米麹の力で、もち米のデンプンはブドウ糖に、タンパク質はアミノ酸に分解され、うま味や甘みが生じる

みりん

みりんの効果

みりんが生む味わいと調理効果

みりんの特徴は**まろやかな甘み**だ。これは米のデンプンが分解されることによってできたブドウ糖やオリゴ糖などによるもので、砂糖では得られない。

また、**うま味成分**である**グルタミン酸**をはじめ、アラニン、ロイシン、アスパラギン酸などの各種アミノ酸やペプチドが豊富に含まれており、これらのうま味成分と糖類の甘み、乳酸やリンゴ酸など有機物の酸味が複雑にからみ合うことで、**深いコク**が生まれる。

そのほか、みりんを使うとブドウ糖やオリゴ糖の作用により食材の表面に皮膜ができるため、食欲をそそる照りやツヤを出したり、肉や魚の煮崩れを防いだりする。さらに、みりんには**肉や魚の臭みを消す**効果もある。

みりんを使うと、料理が美しく仕上がるだけじゃなく、うま味成分や塩分、糖類などが食材に染み込みやすくなるよ。

麹
KOUJI

麹は、米や麦、大豆などの穀物にカビの一種である**麹菌（コウジカビ）**を繁殖させたもので、醤油や味噌、米酢をはじめ、みりん、日本酒、甘酒など、日本の発酵食品のもととなっている。麹菌は**「国菌」**ともいわれ、日本を代表する微生物である（→P29）。

湿度が高くカビの生育に適した東アジアや東南アジアでも、カビを利用した発酵食品が多くつくられてきたが、麹菌を使ったものは日本以外ではほとんど見られない。平安時代から室町時代にかけては、麹の製造販売を独占する**「麹座」**という組織もあったほどで、日本の食文化は麹とともに独自に進化・発展してきたといえる（→P35）。

麹菌には、胞子の色で分類される**黄麹菌、黒麹菌、白麹菌、紅麹菌**のほか、**カツオブシ菌**など多様な種類があり、食品によって適した麹菌が使われる。

麹菌の種類

黄麹菌	日本で使われている麹菌の中で最も代表的なもので、別名を「ニホンコウジカビ」、学名を「アスペルギルス・オリゼー」という。胞子は緑がかった黄色で、味噌、醤油、日本酒、焼酎、みりん、医薬品などに幅広く使われている。
黒麹菌	名前のとおり胞子の色が黒いため、黒麹菌でつくられた麹は黒くなる。クエン酸の生産能力があり、クエン酸がpH値を下げ、雑菌の繁殖を防ぐため、暑い気候の沖縄でつくられる泡盛の製造に適している。
白麹菌	1924年に発見された菌で、発見者の名前をとって、学名を「アスペルギルス・カワチ」という。黒麹菌と同様にクエン酸の生産能力が高く、酵素の力も強いことがわかり、焼酎づくりに使われるようになった。なお、黒い色素をつくる能力はない。
紅麹菌	鮮やかな紅色の麹菌で、沖縄の豆腐よう（→ P106）や中国の紹興酒づくりなどに使われている。中国では古くから漢方薬として用いられ、血中コレステロールの減少など、さまざまな保健機能が報告されている。
カツオブシ菌	鰹節をつくるときに使う菌で、ほかの悪性カビの繁殖を防ぐ。また、菌の重ね付けによってカツオの水分が抜けて乾燥状態となり、保存性を高める。カツオブシ菌の酵素はカツオのタンパク質を分解し、うま味成分であるイノシン酸を増加させる役割もある。

電子顕微鏡で見た麹菌

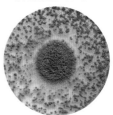

黄麹菌

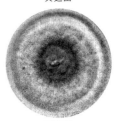

黒麹菌

麹の原料と製造工程

麹の原料と麹の種類

麹の原料に米を使ったものを**米麹**といい、日本酒や米味噌、米酢などに利用される。玄米を用いた**玄米麹**と呼ばれるものもある。

また、大麦などを原料とした**麦麹**は、麦味噌や焼酎などに、大豆や小豆などを原料とした**豆麹**は、醤油や豆味噌（→P69）に用いられている。

米　　麦　　豆

米麹のつくり方

麹とは、原料となる穀物の表面に麹菌が網目状に成長した状態のことを指す。麹づくりにおいては、麹菌の胞子を集めて乾燥させた**「種麹」**と呼ばれる麹菌を用いる。ここでは米麹を例に麹の製造工程を見てみよう。

まず、玄米を精米する。次に、精米した米を水洗いし、糠やごみを落とした後、水につけて水分を吸収させる（浸漬）。米の性質によって浸漬時間を変え、米粒の中心まで**十分に水分を吸収**させたら、米の水分を十分に切ってから蒸し上げる。蒸すことで、米に含まれるタンパク質やデンプンを麹菌が分解しやすくなる。蒸し時間も、米の性質に合わせて調整する。

蒸し上がった米を、麹菌の生育に適した温度（30〜40℃）になるまでいったん冷却し、適温になったら種麹を付ける。この作業は**「種切り」**と呼ばれ、米の40〜50cmほど上から種麹をまくと均一に付けることができる。種麹をまいた後は、全体に麹菌をすり込むようによく混ぜ合わせる。

その後、**麹室**と呼ばれる麹菌が繁殖しやすい温度に保たれた部屋に移し、**麹菌を培養**する（製麹）。20時間程度を目安に米をほぐし、米の温度を均一にする。室温を調整しながら、数時間ごとにほぐす作業を繰り返し、菌糸が米粒に食い込み、表面を覆ったら完成だ。

従来の手作業による米麹づくりは手間がかかるため、近年は機械化が進んでいる

米麹ができるまで

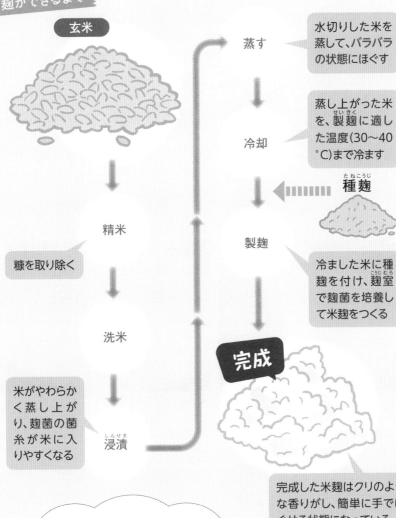

玄米

蒸す — 水切りした米を蒸して、バラバラの状態にほぐす

↓

冷却 — 蒸し上がった米を、製麹に適した温度(30〜40℃)まで冷ます

↓

種麹

↓

製麹 — 冷ました米に種麹を付け、麹室で麹菌を培養して米麹をつくる

↓

完成

精米 — 糠を取り除く

↓

洗米

↓

浸漬 — 米がやわらかく蒸し上がり、麹菌の菌糸が米に入りやすくなる

完成した米麹はクリのような香りがし、簡単に手でほぐせる状態になっている

中国では麦から麹がつくられていたので、「麹」という漢字は麦へんなんだ。でも、日本では米で麹をつくることが一般的で、米に麹菌の胞子が付いて花が咲いているように見えることから、「糀」という漢字が使われるようになったとか。

米麹の分類

生麹と乾燥麹の違い

麹には**生麹**と**乾燥麹**の2種類がある。生麹はそのまま使用できるが、麹菌の発酵が進みやすく、常温での保存がきかない。麹菌の菌糸によって米粒同士がくっついて板状になっている市販品もあり、**「板麹」**とも呼ばれる。

一方の乾燥麹は、完成した麹に乾燥処理を施して麹菌の働きを弱めている

ため、常温での長期保存が可能だ。使いやすいようにほぐした状態で売っているものもある。いずれも使用する際には水で戻す必要がある。

なお、日本の麹が米などの穀物を粒のまま使う「散麹」なのに対して、中国や韓国の麹は穀物を粉にして水で練って麹にする「もち麹」が一般的だ。

板状の生米麹

保存のきく乾燥米麹

麹が生み出す酵素

麹がつくるさまざまな酵素とは

麹菌が繁殖する際に生み出す**酵素**には、さまざまな働きがあることがわかっている。たとえば、味噌や醤油をつくるときに使われる黄麹菌から生成される酵素は、原料の大豆や小麦に含まれる**タンパク質の分解**を促す。また、日本酒をつくる際に生成される米麹の酵素は、米のデンプンを分解し、**アル**

コール発酵に必要なブドウ糖をつくり出す（糖化）。

麹や麹菌が生成する酵素の働きは、健康づくりに役立つことがわかっているが、近年は食品以外の分野でも注目されている。なかでも医薬品や飼料、食品加工といった多様な分野での研究が進められ、活用が期待されている。

1 { デンプン分解酵素 （アミラーゼ）

麹菌が生成する代表的な酵素。アミラーゼは糖を生成し、漬物の甘みを強めたり、食材のうま味を引き出したりする。食品加工をはじめ、飼料、医薬品（消化剤）などにも使われている。

2 { タンパク質分解酵素 （プロテアーゼ）

アミラーゼと並ぶ代表的な酵素で、肉をやわらかくするほか、味噌や醤油、パンなどの食品加工、清酒の清澄剤※、医薬品、飼料など幅広い製品に利用されている（→P50）。

3 { 脂肪分解酵素 （リパーゼ）

油脂を脂肪酸とグリセロールに分解する酵素。さまざまなカビから生成されるが、麹菌の中では黒麹菌に多く見られる。用途は、乳製品のほか、消化剤や胃薬、清酒の醸造、洗剤など、幅広い（→P50）。

4 { 繊維分解酵素 （セルラーゼ、ヘミセルラーゼ）

繊維（セルロース）を分解する酵素をセルラーゼ、さらに強固な繊維まで分解できる酵素をヘミセルラーゼという。エネルギーや食料問題の解決に向け、植物性・動物性繊維をブドウ糖に変化させる研究が進められている（→P53）。

5 { ペクチン分解酵素 （ペクチナーゼ）

果物の皮や果汁などに含まれるペクチンを分解する酵素で、果汁のにごりを澄んだ状態に変える働きがある。黒麹菌などによって生産され、ワインづくりに活用されることもある。

6 { ナリンギン分解酵素 （ナリンギナーゼ）、 ヘスペリジン分解酵素 （ヘスペリジナーゼ）

ナリンギナーゼは柑橘類の果実や果皮にある苦み成分・ナリンギンを分解し、ヘスペリジナーゼは、温州ミカンやハッサクの苦み成分・ヘスペリジンを分解する。

7 { タンニン分解酵素 （タンナーゼ）

緑茶などに含まれる渋み成分のタンニンを分解する。黄麹菌などから生成され、ビールを澄んだ状態にしたり、ワインのタンニンを抑えたりするほか、茶の混濁防止や風味改良にも用いられる。

8 { アントシアニン分解酵素 （アントシアナーゼ）

黄麹菌や黒麹菌などから生成される酵素で、花や果実に含まれる赤や青、紫の色素を分解して無色にする働きがある。色の濃いジャムやワインの色素を一部抜くために使われる。

※清澄剤：液体のにごりを除去する物質。

麹調味料

塩麹

米麹に塩と水を加えて発酵させた
塩麹は、**コクのある塩味**が特徴で、
肉や魚をやわらかくしたり、素材の
うま味を引き出してくれたりする**万
能調味料**。また、脂肪分解酵素のリ
パーゼ（→P93）の働きによって、
肉類の脂っこさを軽減してくれる。
炒め物や煮物のほか、サラダのド
レッシングに加えてもおいしい。

醤油麹

本来の醤油麹は、醤油を製造すると
きに使われる大豆と小麦に麹を付け
たものを指すが、塩麹の塩と水の代
わりに醤油を用いてつくる調味料の
ことも醤油麹という。醤油と麹の香
りが**素材の味を引き立て**、炒め物や
煮物、刺身などに、一般的な醤油と
同じように利用することができる。
卵かけご飯もおすすめ。

Let's Try! 塩麹をつくってみよう！

肉や魚を漬け込んだり、サラダのドレッシングに加えたりと、万能調味料の塩麹。
簡単につくることができるので、冷蔵庫に常備しておくと重宝する。

材料（約500g分）

- 米麹（生） ── 200g
- 水 ── 250mL程度
- 塩 ── 60g

道具

- ボウル
- 保存容器
- スプーン

※保存容器は煮沸消毒かアルコール消毒しておく

つくり方

米麹をほぐし、塩を加えてなじませる

ボウルに米麹を入れ、両手をすり合わせるようにして、ポロポロの粒になるまでしっかりほぐす。塩を加え、よくもみ込んで、手で握ったらまとまるようになるまでなじませる。

水を加えて混ぜ合わせる

水を加え、手の平をすり合わせるようにして混ぜ合わせ、ミルク状（白くにごってとろっとした感じ）にする。

保存容器で発酵させる

保存容器に入れ、少しすき間を開けて蓋をし、夏は約5日間、冬は約10日間、常温で発酵させる。

1日1回スプーンで混ぜる

常温でおいている間、1日1回、清潔なスプーンで、空気を全体に送り込むようにかき混ぜる。

とろっとしたら完成！

冷蔵庫で保存し、3か月を目安に使い切る。冷凍保存も可能。

"飲む点滴"
甘酒のチカラ

　「甘酒は健康によい」ということは、みなさんがご存知だと思います が、なぜなのでしょうか。甘酒は、米麹に水を加え、保温しな がら発酵させたシンプルな飲み物ですが、甘酒の中には栄養がたく さんつまっています。

　まず、麹菌がつくるビタミンB群などのビタミン成分が含まれて います。また、麹菌の作用で、お米のタンパク質は体に取り込まれ やすいペプチドやアミノ酸に分解されます。甘酒にはお米の栄養分 がたっぷりつまっていて、それらの栄養分を胃腸に負担をかけるこ となく吸収することができるのです。このことから、甘酒は「飲む 点滴」という異名を持ち、ビタミンやブドウ糖、アミノ酸の補給に ぴったりなのです。

　現在、甘酒は年中販売されていますが、もともと甘酒には季節が ありました。温かい甘酒で体を温めるというように、今では甘酒は 冬のイメージですが、実は甘酒の季節は夏なのです。かつて、私の 師匠である発酵学者の小泉武夫先生は、俳句で甘酒が夏の季語であ ることを不思議に思いまし た。古いお墓に記された、人々 の没月を調べたところ、昔は 夏に急逝する人が多かったこ とを発見。夏の暑さで体力が 奪われるときに、滋養強壮の ために甘酒を飲んでいたのだ と結論付けました。

　特に近年は異常なほど暑く なる夏。昔だけでなく現代で も、栄養価に優れ、天然の甘 みを持つ甘酒で、栄養補給を しましょう。

第3章

まだある！
日本と世界の
発酵食品

日本はもちろん、世界には
多様な発酵食品が存在する。
納豆、漬物、チーズ、ヨーグルト、パンなど
身近な食べ物から、さまざまな酒類まで、
多岐にわたる発酵食品を紹介しよう。

納豆
NATTO

大豆の発酵食品である納豆は、大きく分けて2種類ある。ひとつは、ご飯のお供としておなじみの、ネバネバとした**「糸引き納豆」**。もうひとつは、糸を引かず塩分がある**「塩辛納豆」**だ。それぞれ発酵菌や製法が異なり、独特の味や形状に仕上がる。

納豆の原点は塩辛納豆で、その起源は、奈良時代に中国から伝わった「醤（ひしお）」または「鼓（くき）」（→P67）とみられる。一方、糸引き納豆の起源は定かでなく、塩辛納豆の伝来後、日本独自の製法で生まれたといわれている。

一般的な糸引き納豆の年間消費金額（市場規模）は、2013年12月に「和食」がユネスコの無形文化遺産に登録されたことや、発酵食品ブームを背景に、近年順調に拡大している。2020年には2711億円となり、過去最高を記録した。1世帯あたりの年間の品目別支出金額などをまとめた総務省の統計でも、2020年の納豆への支出金額は過去最高の4654円であった。

もともと納豆文化が定着していた東日本に比べ、西日本の納豆の消費量は全体的に少ない傾向にあるが、地域性を重視した商品開発なども影響し、東西の差は年々縮まってきている。

納豆の市場規模

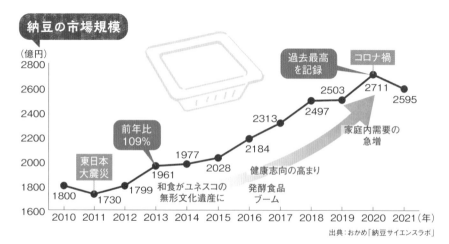

（億円）

年	金額
2010	1800
2011	1730
2012	1799
2013	1961
2014	1977
2015	2028
2016	2184
2017	2313
2018	2497
2019	2503
2020	2711
2021	2595

東日本大震災
前年比109%
和食がユネスコの無形文化遺産に
発酵食品ブーム
健康志向の高まり
過去最高を記録
コロナ禍
家庭内需要の急増

出典：おかめ「納豆サイエンスラボ」

納豆の 歴史

お寺で育まれた塩辛納豆

納豆の原点・塩辛納豆は、奈良時代に中国から醤の一種として日本に伝わったといわれる。平安時代の辞書『和名類聚抄』では、味噌の原形である「豉」の名称が使われているが、やがて「納豆」とも呼ばれるようになった。江戸時代中期の食物書『本朝食鑑』には、お寺の納所（出納事務を行う所）で僧侶がつくったことが名称の由来だと記されている。

実際、塩辛納豆は寺院でつくられることが多く、総じて **「寺納豆」** とも呼ばれているほか、京都の「大徳寺納豆」など、寺院の名称を冠した塩辛納豆も数多く存在する。

糸引き納豆は偶然の産物？

糸引き納豆が誕生した時期は明らかでないが、稲作が盛んな日本には昔から多くの稲藁があり、その稲藁の中に大豆を保管したときに、**稲藁に付着する納豆菌の働き**で偶然糸引き納豆ができたのではないかと考えられている。

糸引き納豆にまつわる最古の文献は、室町時代の『精進魚類物語』で、さまざまな食品を擬人化して描いた物語の中に「納豆太郎糸重」という人物が登場する。さらに、安土桃山時代の日本語・ポルトガル語辞典『日葡辞書』では、「Natto」の語句とともに「大豆を煮て室に入れてつくる食品」と紹介されており、**江戸時代以前に糸引き納豆が定着**していたことがうかがえる。

藁苞納豆から量産化へ

江戸時代には、「振売」と呼ばれる商人が早朝から納豆を売り歩いていた。当時の納豆は、ゆでた大豆を稲藁で包み天然の納豆菌で発酵させる **「藁苞納豆」** で、品質が安定しなかった。大正時代に入り、純粋培養した納豆菌を衛生的な容器の中で培養する方法が編み出され、**良質の納豆を大量かつ安定的に生産**するしくみが確立された。

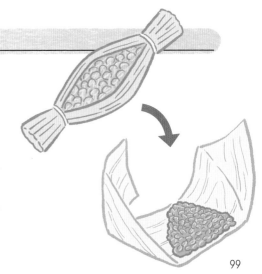

納豆の種類

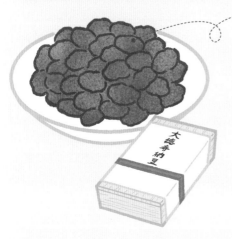

糸引き納豆

その名のとおり、**ネバネバと糸を引くのが最大の特徴**。この粘りの正体は、納豆菌によってつくり出されるアミノ酸の一種・グルタミン酸が結合した**ポリグルタミン酸**という物質で、粘りが強いほどうま味が強いといわれる。漬物や味噌に通じる独特の香りを持ち、醤油との相性も非常によい。大豆の粒をそのまま残した「**粒納豆**」、粒を細かく刻んだ「**ひきわり納豆**」の2種類に大別され、粒納豆は粒の大きさによって、超小粒（極小粒）、小粒、中粒、大粒などと呼び分けられている。

塩辛納豆

中国を起源とすることから「**唐納豆**」、または、寺院でつくられることが多かったため「**寺納豆**」とも呼ばれる。納豆菌ではなく**麹菌と食塩水で発酵・熟成**させたもので、副材料にシソやショウガなどを用いる場合もある。全体的に黒褐色をしており、塩気を帯びた豆味噌に似た風味が特徴。保存性に優れ、古くからお茶漬けや粥の具、酒の肴として親しまれてきた。代表的なものに、京都の**大徳寺納豆**や**一休寺納豆**、浜名湖の**浜名納豆**（大福寺納豆）がある。

Mini column 発酵 + α 山形・置賜地方の名物「五斗納豆」

糸引き納豆には、納豆菌による発酵を終えたのち、米麹と塩を加えてさらに発酵・熟成させた特殊なものもある。それが、山形県内陸部の置賜地方の伝統食「五斗納豆」だ。

かつては五斗（約90L）も入る樽でつくったため、または大豆一石に麹を五斗使ったことから、その名が付いたといわれる。冬の間に仕込み、農繁期の大事な栄養源とされていた。

納豆の原料

納豆のよしあしを左右する大豆

一般的な糸引き納豆は、製造工程がシンプルで発酵時間が短いため、原料大豆の品質が製品に大きく影響する。**水をよく吸収**し、やわらかく煮上がること、また**甘み**があり、煮くずれの原因となる種皮（しゅひ）の亀裂（きれつ）が少ないことなどが、大豆選びの目安となる。近年は大粒よりも小粒が好まれる傾向があり、**粒の小さな品種**が多く用いられている。

農林水産省の品質表示基準制度により、粒納豆は「丸大豆」、ひきわり納豆は「ひきわり大豆」と、原材料名を明記するよう義務付けられており、国産大豆のみを使用したものに限り、原材料の後に「（国産大豆）」と記載することができる。

糸引き納豆に必要な納豆菌

糸引き納豆の発酵に欠かせない納豆菌は、稲藁（いなわら）に多く生息する**枯草菌**（こそうきん）の一種。粘着物質をつくり出し、高温、低温、乾燥に耐えられる強い生命力を持つ。

現在は稲藁の納豆菌ではなく、菌力の強い純粋培養の**「種菌」**（たねきん）を用いるのが一般的だ。代表的な種菌は、**宮城野菌**（みやぎのきん）、**高橋菌**（たかはしきん）、**成瀬菌**（なるせきん）など。また、大手納豆メーカーでは独自の菌が使われている。

Mini column 発酵+α

こんなにすごい! 納豆菌のチカラ

納豆菌は、−100℃〜100℃の環境でも死滅しないほど**タフな菌類**。厳しい環境に置かれると、芽胞（がほう）と呼ばれる耐久性の高い細胞構造に変化し、繁殖に適した環境になるまで休眠状態で生き延びる。

また、納豆菌はさまざまな**酵素**をつくり出し、タンパク質、デンプン、脂肪などの**有機物を分解する**。発酵の過程で分泌される酵素によって大豆のタンパク質が分解され、グルタミン酸をはじめとするアミノ酸がつくられる。それが**納豆特有のうま味や粘り**のもととなる。

繁殖スピードも非常に速く、約30分ごとに倍々に増える。15時間後には、大豆1粒あたりの納豆菌は1〜2億個になるほどの**繁殖力**があるので、納豆はほかの大豆発酵食品よりずっと短い期間で出来上がる。

納豆の製造工程

糸引き納豆のつくり方

糸引き納豆のおもな製造工程は、大豆の洗浄、浸漬（しんせき）、蒸煮（じょうしゃ）、納豆菌の接種、発酵容器充填、発酵、冷蔵熟成である。

そのうち、**納豆菌の接種**とは、蒸し煮した大豆に液体で薄めた納豆菌（種菌（きん））を付着させる重要な工程で、大豆1粒あたり1300個以上の菌が付着するように、ジョウロか機械で散布する。これを、発酵容器充填の前か後に行い、それから約16〜24時間の発酵工程に移る。

発酵は、納豆菌胞子の発芽を促す「発酵前期」、納豆菌が急激に増殖し、酵素や粘着物質が活発につくられる「発酵中期」、死滅した納豆菌の中の酵素が大豆の組織内に浸透して発酵が加速し、うま味などが形成される「発酵後期」の3段階を経て完了する。

最終工程は**冷蔵熟成**。納豆菌は適温（40℃前後）を保ち続けると再発酵し、アンモニアが発生するため、冷却して品質を安定させる必要がある。

糸引き納豆ができるまで

大豆

洗浄

大豆に水を十分吸収させることで、蒸煮工程で風味やかたさなどを均一に仕上げることができる

浸漬

蒸煮

納豆菌が栄養を取りやすく増殖しやすい環境に。また、酵素類が浸透して大豆の成分を分解しやすい状態になる

納豆菌接種

発酵容器充填

発酵

38〜42℃で16〜24時間じっくりと発酵させる

包装

5℃以下に冷蔵し、発酵で増えた納豆菌を休眠させる(熟成)

冷蔵熟成

完成

大徳寺納豆のつくり方

大徳寺納豆などの塩辛納豆は、糸引き納豆のように納豆菌を増殖させずに、味噌や醤油に近い発酵方法でつくられる。また糸引き納豆ほどの大量生産はされておらず、寺院など小規模の製造所では手仕事を基本とした**伝統的な製法**が守られている。

まず大豆を水洗いし、一晩水に浸した後、常圧で3〜4時間蒸煮する。その大豆に焙煎した大麦（はったい粉）を混ぜ合わせ、「室」で1週間ほどねかせて麹菌を自然発酵させて**豆麹**をつくる。この段階で大豆のタンパク質が麹菌の酵素の働きによって分解され、うま味成分のアミノ酸がつくられる。

次に、出来上がった豆麹を木桶に移し、食塩水を加える。これを毎日かき混ぜながら天日干しにする作業を約2か月間続け、その後さらに天日干しをして完成となる。この間に、乳酸菌の作用によって**豆味噌のような独特の香りや味**が醸し出される。

多くの製品は、ショウガやみりんなどで仕上げられ、かめなどに貯蔵して保存される。精進料理や和菓子などにアレンジして提供されるものもある。

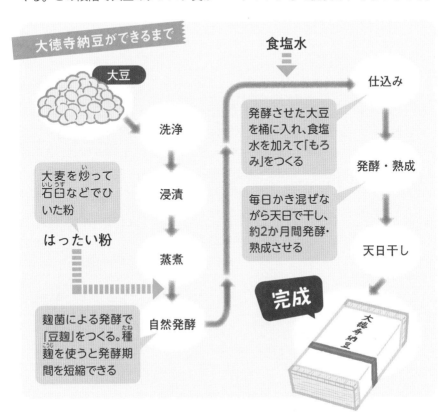

大徳寺納豆ができるまで

大豆 → 洗浄 → 浸漬 → 蒸煮 → 自然発酵

はったい粉（大麦を炒って石臼などでひいた粉）

麹菌による発酵で「豆麹」をつくる。種麹を使うと発酵期間を短縮できる

食塩水

仕込み（発酵させた大豆を桶に入れ、食塩水を加えて「もろみ」をつくる）→ 発酵・熟成（毎日かき混ぜながら天日で干し、約2か月間発酵・熟成させる）→ 天日干し → 完成

納豆の**お**いしさと効果

納豆のうま味はグルタミン酸

市販の糸引き納豆には、調味だれが付いていることが多いが、そのまま食べてもうま味を感じる。それは、発酵の過程で納豆菌が大豆のタンパク質を分解し、うま味のもととなるアミノ酸を多量につくり出すためだ。うま味の大部分は、昆布のうま味成分と同じ**グルタミン酸**。そのことも、日本人に長く愛されてきた理由だろう。

糸引き納豆のネバネバは、グルタミン酸が結合した**ポリグルタミン酸**によるもの。日本人が主食とするジャポニカ種（→P70）の、適度な粘りやもち

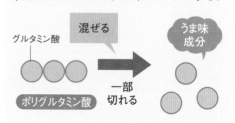

納豆を混ぜるとうま味がアップする!

グルタミン酸

混ぜる

ポリグルタミン酸

一部切れる

うま味成分

もちとした食感のご飯と非常に相性がよい。納豆はよくかき混ぜるとおいしくなるといわれるが、これは、混ぜることによってポリグルタミン酸からグルタミン酸が遊離し、うま味が増すためだと考えられている。

納豆のさまざまな健康効果とは？

納豆菌で発酵させた大豆をそのまま食べる糸引き納豆は、その中に含まれる栄養分や健康成分のダイレクトな働きが期待できる。

古くから知られているのが**整腸作用**だ。納豆菌は、胃酸によって死滅することなく腸まで届き、腸内で悪玉菌が増えるのを防ぐ。加えて、大豆に含まれるオリゴ糖や食物繊維が腸内の善玉菌の増殖を助け、**腸内細菌のバランスを整える**と考えられる。

また、大豆に含まれる**イソフラボン**（ポリフェノールの一種）は、ホルモンバランスを整え、女性がなりやすい

骨粗鬆症の予防に効果的であることがわかっている。さらに、同じく大豆に含まれる**レシチン**という成分には、整腸効果や抗菌・殺菌効果、**サポニン**という成分には高血圧や血栓を予防する効果があるといわれている。

イソフラボン

サポニン

レシチン

アジアの納豆

日本だけでなく、海外にも糸引き納豆に似た大豆の発酵食品がある。アジアで親しまれている、2つの大豆発酵食品を紹介しよう。

チョングッチャン

韓国のチョングッチャンは、ゆでた大豆に枯草菌（こそう）の一種を加えて2〜3日間発酵させ、塩やトウガラシ粉などを加えたもの。糸を引く**粘りや独特の香り**があることから「韓国の納豆」ともいわれ、栄養価の高さと消化のよさでも知られている。韓国では鍋料理で食べるのが一般的。

テンペ

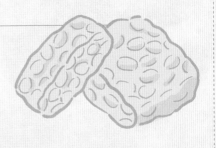

インドネシアのテンペは、ゆでた大豆を**テンペ菌**と呼ばれる**クモノスカビ**の一種で発酵させた発酵食品。納豆のような**粘りやにおい**はなく、おもに揚げ物や炒め物などにして食べられている。タンパク質やビタミンB$_6$、食物繊維などの栄養に富み、生活習慣病予防や美容に役立つとして、日本でも人気が高まっている。

アジアのおもな大豆発酵食品

中国 豆豉（トウチ）・穀醤（こくびしお）
日本 納豆
韓国 チョングッチャン
ミャンマー ペーボウッ
タイ・ラオス トゥアナオ
インドネシア テンペ
インド アクニ
ネパール キネマ

さまざまな発酵豆腐

納豆とともに日本の食卓で親しまれている豆腐。納豆は大豆そのものを納豆菌で発酵させているのに対し、豆腐は大豆を煮てつぶし、その搾り汁をにがりなどで固めたもので、発酵はともなわない。しかし、豆腐発祥の地・中国や、その影響を強く受けた国と地域には、豆腐をさまざまな微生物の働きで発酵・熟成させた、**個性豊かな発酵豆腐**が存在する。

豆腐よう

沖縄県の名物「豆腐よう」は、沖縄で一般的な島豆腐を、もち米麹、泡盛、塩、砂糖などを合わせた**もろみに長期間漬け込み**、発酵・熟成させたもの。琉球王朝時代に中国から伝わった「腐乳」に独自の工夫を加え、王府秘伝の珍味とされた。まるでチーズのような**上品で濃厚な味わい**。

腐乳

豆腐に麹を付け、塩水の中で発酵させた中国の発酵豆腐。かための豆腐の表面に麹菌を繁殖させ、濃度約20%の塩水につけて麹を落とした後、かめに入れて発酵・熟成させる。**独特のにおいと酸味が調和したコクのある味**が特徴で、そのまま食べるほか、粥に入れて食べるのが一般的。

臭豆腐

中国南部や台湾で食べられている、腐敗臭に似た強烈なにおいの発酵豆腐。自然発酵させた豆腐を、納豆菌や乳酸菌などが生息する液に漬けて発酵させると、微生物の作用により**独特の臭気とうま味**が生まれる。油で揚げたものが一般的だが、朝食の粥と一緒に食べる習慣もある。

漬物
TSUKEMONO

　風味豊かでご飯との相性がよく、野菜不足の解消にも役立つ漬物。日本は漬物の種類が極めて多く、全国に**600種類**以上もあるといわれる漬物大国だ。

　奈良時代にはすでに、野菜を穀物とともに塩漬けにする習慣があり、最初は保存食としてつくられていたが、時代を経るごとに材料や漬け方が工夫されるようになった。江戸時代以降は庶民の間に漬物が普及し、各地で特色ある漬物が誕生する。発酵をともなうかどうかによって**「発酵漬物」**と**「無発酵漬物」**の2つに大きく分類される。

　国内の漬物類の総生産量（野菜・果実漬物 計）は、2001年（約119万トン）をピークに減少傾向にあるが、近年は微増している。これは、醤油漬類に含まれるキムチ類、酢漬類に含まれるショウガの酢漬けやピクルスの需要増によるものと考えられる。

漬物類の生産量

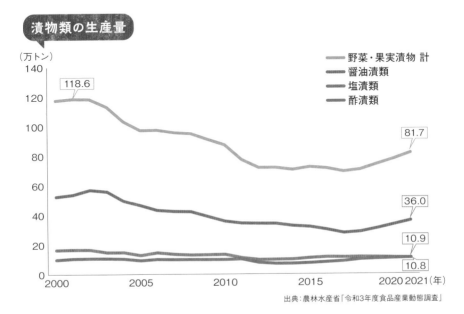

（万トン）

凡例：
- 野菜・果実漬物 計
- 醤油漬類
- 塩漬類
- 酢漬類

118.6

81.7

36.0

10.9

10.8

2000　2005　2010　2015　2020 2021（年）

出典：農林水産省「令和3年度食品産業動態調査」

漬物の 歴史

塩漬けから始まったアジアの漬物

漬物の歴史は古く、紀元前の**古代メソポタミア**までさかのぼる。野菜にワインや酢をかけて保存性を高めていたことを示す記録があり、それがのちにピクルスに発展したと考えられている。

一方、アジアの漬物は古代より**塩漬け**が主体だった。紀元前3世紀以降の中国の書物には度々塩蔵品に関する記述が見られ、6世紀中頃の中国の農業書『斉民要術』には、野菜に穀物を加えて塩漬けにする方法が書かれている。

日本では、平城京跡から発掘された8世紀の木簡に、青菜やカブなどを大豆や米などの穀物と塩で漬けた「須々

保利」や、ニレ科植物の樹皮の粉末と塩で食材を漬けた「楡木」などの漬物の名前が登場する。平安時代の法令集『延喜式』には、漬物として塩漬けや醤漬けなど7種類が挙げられており、**すでに漬物が多様化していた**ことがわかる。

江戸時代以降、全国各地で発展

室町時代から江戸時代にかけて、糠漬けやたくあん漬けなどが生まれ、漬物の種類はさらに充実。その頃から**「香の物」**という言葉が使われるようになり、京都や大坂（現在の大阪府）では香の物屋という漬物専門店も登場した。

漬物は江戸時代を通して徐々に庶民の間に浸透し、全国に広まっていく中で、各地に**特色ある漬物**が多数生まれた。野菜に限らず、魚や肉、キノコ、海藻など、あらゆる食材が漬物に利用されたばかりでなく、漬け床や漬け汁も、醤油、みりん、糠、麹、酒粕、味噌などバリエーション豊かに発展。さ

らに、一夜漬けや古漬けのように食材によって漬け込む時間を変えたり、下漬け、本漬け、二度漬けのように漬ける回数を増やして手間をかけたりと、**漬ける技術の工夫**も重ねられてきた。

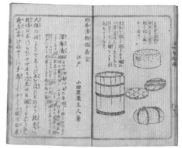

1836（天保7）年に江戸の漬物問屋が著した漬物レシピ本『四季漬物塩嘉言』

漬物の種類

漬物は、発酵の有無によって**「発酵漬物」**と**「無発酵漬物」**に大きく分けられる。発酵漬物は、乳酸菌や酵母などの微生物の作用で発酵させた漬物のこと。その中でも乳酸発酵させた漬物を**乳酸発酵漬物**という場合があり、塩漬け、糠漬け、麹漬けなどが含まれる。

発酵漬物が長期保存に適しているのは、乳酸菌の作用で**酸性になり**（＝pH値が下がり）、酸に弱い**腐敗菌の増殖が抑えられる**ため。また、乳酸菌や酵母は空気が少ない環境で活性化するため、漬けるときは蓋をして重石をのせ、なるべく**空気に触れないようにす**るのが望ましい。そうすることで、カビの発生も抑えられる。

一方の無発酵漬物は、**乳酸菌や酵母などが生育・発酵しない漬物**で、漬け込み時間の短い浅漬けや、酢の酸が強い甘酢漬け、塩分濃度の高い梅干しなどが該当する。キムチやしば漬けは本来、発酵漬物に含まれるが、近年は調味液で発酵漬物に近い風味に仕上げた無発酵の製品もつくられている。

日本各地の代表的な漬物

- ⑮京都府 千枚漬け／しば漬け／すぐき漬け
- ⑯奈良県 奈良漬け
- ⑰島根県 赤カブの糠漬け
- ⑱広島県 広島菜漬け
- ⑲山口県 寒漬け
- ㉑福岡県 山潮高菜漬け
- ㉒佐賀県 おこもじ
- ㉓熊本県 黒菜漬け
- ㉔鹿児島県 薩摩漬け／山川漬け
- ⑤秋田県 いぶりがっこ／なた漬け（がっこ）
- ⑥山形県 ナスのからし漬け／青菜漬け／おみ漬け／だし
- ⑧群馬県 キノコ漬け／山菜漬け
- ⑨長野県 野沢菜漬け／すんき漬け
- ⑩岐阜県 品漬け
- ⑳愛媛県 緋のカブラ漬け
- ⑬静岡県 わさび漬け
- ⑭愛知県 守口漬け
- ①北海道 カブの千枚漬け／行者ニンニク漬け／カリンのシロップ漬け
- ②岩手県 金婚漬け
- ③宮城県 長ナス漬け
- ④福島県 三五八漬け
- ⑦栃木県 たまり漬け／ショウガ漬け
- ⑪千葉県 鉄砲漬け
- ⑫東京都 べったら漬け／福神漬け
- ㉕沖縄県 パパイヤ漬け

全国で親しまれている糠漬け

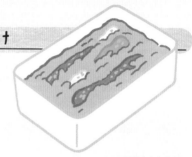

糠漬けは、日本で最もポピュラーな発酵漬物のひとつ。精米時の副産物である**米糠に塩水を混ぜた糠床**に野菜などを漬け込み、乳酸菌や酵母などで発酵させる。漬け込むことで、糠に含まれるビタミンやミネラルなどの栄養分が野菜に浸透し、生で食べるよりも**栄養価が高くなる**。さらに、発酵によって食欲をそそる香りやうま味も加わるので、野菜を取りやすくなるという利点もある。

ちなみに、江戸時代の沢庵和尚が考案したことで知られる「たくあん漬け」も糠漬けの一種。干して、または塩押しして水分を除いた大根を糠床に漬けたもので、香りやうま味とともにポリポリとした食感も楽しめる。

糠床のしくみと手入れ

糠漬けの香りやうま味の秘密は、糠床に生息する乳酸菌や酵母などの微生物にある。これらの微生物が米糠に含まれる栄養素（炭水化物、タンパク質、脂質など）を分解しながら繁殖を繰り返し、乳酸などさまざまな**香気成分**をつくり出す。それが野菜に浸透し、風味豊かな糠漬けに仕上がる。

しかも、糠床は繰り返し使うことが

できる。ただし、そのためには**定期的にかき混ぜて微生物のバランスを保つ**ことが必要だ。かき混ぜずに放置すると、糠床の表面にはカビ状の薄い膜（産膜酵母）が発生し、底のほうでは悪臭の原因となる嫌気性菌が繁殖しやすくなる。悪臭や風味の劣化を防ぐため、糠床の上と下を入れ替えるようにかき混ぜる"ひと手間"を大事にしたい。

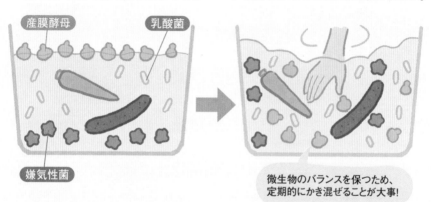

微生物のバランスを保つため、
定期的にかき混ぜることが大事!

まろやかな味わいの麹漬け

米麹や塩、砂糖を混ぜて発酵させた漬け床に、野菜などを漬けた発酵漬物。**まろやかなうま味**が持ち味で、糠漬けと並んで日本全国で親しまれている。

代表的な**「べったら漬け」**や**「三五八漬け」**のほか、北海道の「ニシンの麹漬け」や、カブの間にブリを挟んだ石川県の「かぶらずし」（→P128）などがある。麹漬けは風味が変わりやすいため、早めに食べるのがよい。

べったら漬け

大根を薄塩で下漬けし、米、麹、砂糖を混ぜた漬け床で本漬けした、東京の名産。**ふくよかな甘みとポリポリとした歯触り**が特徴だ。日本橋大伝馬町にある宝田恵比寿神社の界隈で毎年10月に開催される「べったら市」で売り出されることでも有名。近隣の農家が麹漬けした大根の浅漬けを売り始めたのが起源とされ、「べったら」の名は、麹がべたつくこと、あるいは当時の道がぬかるんでいたことが由来という。

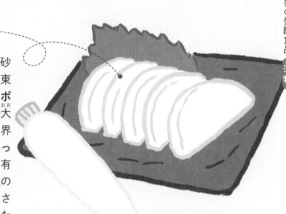

三五八漬け

福島県会津地方をはじめ、東北地方を中心に古くから食べられている麹漬けの一種。**塩・米麹・米を3：5：8の割合**にして漬け床をつくることから、この名が付いた。キュウリや大根などの野菜のほか、鶏肉や魚介類を漬け込むこともあり、漬け上がったものは焼いたり鍋料理に入れたりしてもおいしい。なお、万能調味料として重宝される塩麹（→P94）は、三五八漬けの漬け床からヒントを得たものといわれる。

古くからある塩漬け

日本の漬物の中で最も歴史が古く、**漬物の原点**ともいえる。もともとは野菜の保存性を高める目的で塩漬けをしていたとみられるが、野菜に付着している乳酸菌と材料の糖類の作用で、偶然発酵したのが始まりと考えられる。京都の**「すぐき漬け」**や**「しば漬け」**は、どちらも平安時代からつくられている伝統的な塩漬けで、材料や製法の工夫でまったく違う味わいになる。

すぐき漬け

京都の冬の代表的な漬物。上賀茂地区を中心に栽培されている酸茎菜という根菜を、塩だけで漬け込み乳酸発酵させたもので、**さわやかな酸味**が際立つ。酸茎菜の皮をむき、樽で漬け込むが、その際にてんびんを用いた独特の方法で重石をするなど、製法も特徴的。そのままでもおいしいが、醤油や山椒などをかけると風味が増す。すぐき漬けに含まれる植物性乳酸菌は**「ラブレ菌」**といい、健康にもよいことでも知られる。

しば漬け

京都北部の大原の里に平安時代から伝わる発酵漬物で、すぐき漬け、千枚漬けとともに**「京都の三大漬物」**と評される。ナスやキュウリ、ミョウガを赤シソの葉とともに塩漬けし、腐敗防止用の重石をしっかりとのせて、夏の高温を利用して乳酸発酵させる。**赤シソの鮮やかな紫色や香り、乳酸発酵による酸味**が特徴。しば漬け風味の調味液で仕上げる無発酵の製品と区別するため、「生しば漬け」や「発酵しば漬け」と表記されることも。

うま味たっぷりの粕漬け

粕漬けは、日本酒をつくる際に出る**酒粕**、あるいはみりんをつくる際に出る**みりん粕**を使った発酵漬物である。漬け込む材料は、野菜、果実、魚介類、肉類など多岐にわたり、日本全国でその土地の食材を生かした粕漬けがつくられている。発酵によって増した**うま味成分や香気成分**が素材のおいしさを引き立たせ、魚などの生臭さを消す効果もある。

奈良漬け

奈良時代の木簡に「加須津毛瓜」の記述があるほど歴史の古い、**粕漬けの代表格**。白瓜などの野菜を塩漬けした後、熟成した酒粕に漬け込んでつくる。発酵・熟成によりデンプンが糖に変化し、甘みが増すとともに風味が醸成される。粕床を替えながら繰り返し漬けることで、美しいべっこう色と**芳醇な香り、深みのある甘辛味**の奈良漬けになる。ご飯のお供や酒の肴としてそのまま食べるほか、おにぎりやちらしずしの具材にも。

わさび漬け

ワサビの根と茎を細かく刻み、塩やみりんで調味した酒粕に漬け込んだ粕漬けの一種。通常、根の太い部分はすりおろし用にするため、わさび漬けには細い根を使う。江戸時代・宝暦年間（1751 ～ 1764年）に現在の静岡市内で売り出され、明治時代に全国に知られるようになったといわれる。ツンとする**ワサビ特有のさわやかな刺激**が**酒粕のコクやうま味**と調和し、独特の風味に。そのまま食べるほか、かまぼこと合わせても美味。

その他の伝統的な漬物

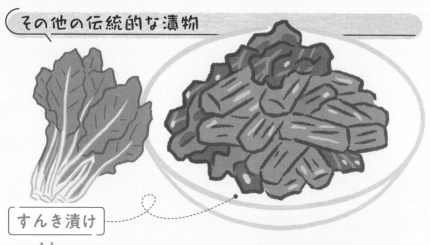

長野県木曽地方に伝わる、塩をまったく使わない**無塩発酵漬物**。海から遠く離れた同地方では塩が貴重だったため、塩を使わずに野菜を保存する方法として、すんき漬けが編み出されたといわれる。原料はすんき菜と呼ばれるカブの一種で、根は塩漬けや調理素材にし、葉・茎の部分をすんき漬けに用いる。鰹節と醤油をかけてご飯のおかずとして食べるほか、温かい蕎麦にすんき漬けを入れて食べる習慣もある。

からし漬け

山形県庄内地方で「**民田なす**」と呼ばれる小ぶりのナスを、からし床に漬けたもの。陰干しまたは塩漬けした小ナスを、酒粕、砂糖、塩を混ぜ合わせた粕床に2週間ほど漬け込んだ後、練りがらし、醤油、水あめを合わせた調味床で2～3日間本漬けする。**からし特有の刺激的な辛みの後から発酵によるうま味**が感じられ、ご飯やお酒との相性もよい。近年は、民田なす以外の小ナスやキュウリなどを使ったからし漬けもつくられている。

木曽の伝統食・すんき漬けのつくり方

すんき漬けの伝統的な製法では、すんき菜の葉と茎、前年に製造したすんき漬けを乾燥させた「干しすんき」を使用する。干しすんきを水で戻したものを漬種とし、木桶で、湯通しした葉・茎と交互に漬け込んでいく。漬け込み後、重石をのせて一晩家の中に置き、翌朝以降は物置などの低温下に移して発酵させる。早ければ1週間ほどで食べられるようになり、酸味が強いものほどおいしいといわれる。

また最近では、**前年につくって冷蔵しておいたすんき漬け**を漬種に用いて、プラスチック製の樽で仕込むやり方もある。湯通しした原料と漬種を密閉容器内で漬け込み、初日は35〜45℃に、その後は38℃を維持する。伝統的な製法では、木桶にすむ乳酸菌が種菌となるが、最近の製法では、前年のすんき漬けの乳酸菌を種菌とする。

伝統的なすんき漬けのつくり方

①干しすんきを水で戻して、漬種をつくる

②すんき菜の葉と茎を湯通しする

③葉・茎と漬種を交互に漬け込み、木桶を暖かい場所に置いて発酵させる

漬物の効果

うま味や香りで食欲アップ

「漬物さえあれば、何杯でもご飯が食べられる」という人がいるように、漬物は**食欲を刺激するうま味や香り**が凝縮した食品といえる。漬け床や漬け汁、材料本来の風味に、乳酸菌や酵母などの微生物がつくり出すうま味や酸味、香りなどが加わるためだ。新鮮な野菜のようにみずみずしい歯触りのものから、噛むほどに味がしみ出るようなものまで、食感もさまざまで、食事のアクセントにもなる。

効率的に栄養が取れる

漬物は塩の浸透圧で水分が抜けることにより、食物繊維をはじめ、ビタミン類、ミネラルなどの**健康機能性成分が濃縮し、おのずと栄養価が高まる。**

たとえば、キュウリに含まれるビタミンB_1は、糠漬けにすることで生の状態の5〜10倍にも増加する。ビタミンB群やビタミンCは熱に弱いことで知られるが、漬物は通常熱を加えないので栄養素が損なわれない。

また、食物繊維の含有量は、同じ量の生野菜と比べて2〜4倍になるため、効率的に摂取することができる。食物繊維には、腸のぜん動運動を活発にし、腸内の悪玉菌や有害物質の排出を助ける働きがある。

乳酸菌の健康効果は?

発酵漬物には、1gあたり数千万〜1億個ほどの**乳酸菌**が生息し、便通をよくするほか、腸内の善玉菌を増やすとともに悪玉菌を減らして腸内環境を改善したり、ウイルスに対する免疫を高めたりする作用が報告されている。

生きたまま腸に届く乳酸菌だけでなく、途中で死滅した菌の死骸や野菜の食物繊維も善玉菌の活動源となり、腸内細菌のバランス改善に役立つ。これにより、免疫機能の活性化やコレステロールの低下、高血圧の予防など、**さまざまな健康効果**が期待できる。

世界の漬物

種類の豊富さでは日本に及ばないものの、世界各国にも個性豊かな発酵漬物が存在する。そのなかから、日本で親しまれている4種の漬物を紹介しよう。

キムチ

キムチは、**白菜、大根、キュウリ**などの野菜を、塩、トウガラシ、ニンニク、魚介類の塩辛などで漬け込んだ**朝鮮半島の発酵漬物**。17世紀後半にトウガラシが使われるようになり、多様なキムチが生まれたといわれる。乳酸発酵させた本場のキムチは、**乳酸菌や食物繊維**などが豊富だ。

ザーサイ

カラシ菜の一種である**ザーサイ**を使った、**中国・四川省発祥の発酵漬物**。ザーサイの肥大化した茎を塩漬けにした後に天日干しし、白酒、山椒、トウガラシなどで漬け込んでつくる。誕生は100年ほど前と歴史は浅いが、中国料理に幅広く使われている。

ザワークラウト

ドイツ生まれのザワークラウトは、**千切りしたキャベツ**を塩や香辛料で漬け込んだ発酵漬物。空気に触れないように重石をのせ、15〜20℃で乳酸菌を繁殖させてつくる。**ドイツ語で「酸っぱいキャベツ」**を意味するとおり酸味が強く、おもに肉料理の付け合わせに用いられる。

ピクルス

野菜を塩漬けにして乳酸発酵させた西洋風の漬物。国によって材料が異なり、アメリカでは**小粒のキュウリ**が大半を占め、イギリスでは**タマネギやニンジン**などの野菜や、ゆで玉子を使うのが一般的。なお、日本のピクルスは酢などの液体に漬け、発酵させずにつくられている。

Let's Try! 糠漬けをつくってみよう!

栄養たっぷりで、箸休めにぴったりの糠漬け。「マイ糠床」を育てれば、好みの野菜を漬けて日々楽しめる。自分ならではの糠漬けをつくってみよう。

材料(約500g分)

- 炒り糠または生糠 ┄┄ 1kg
- 水 ┄┄┄┄┄┄┄┄ 1L
- 塩 ┄┄┄┄┄┄┄┄ 100g
- 乾燥昆布(5×10cm程度) ┄ 1枚
- 乾燥トウガラシ ┄┄┄┄ 1本
- 野菜くず(捨て漬け用) ┄┄ 適量
- 好みの野菜(本漬け用) ┄┄ 適量

道具

- 鍋
- 保存容器

※保存容器は煮沸消毒かアルコール消毒しておく

つくり方

1 塩水をつくる

水1Lを鍋で沸騰させて塩を入れ、塩が溶けたら火を止めて冷ます。

糠床をつくる

保存容器に炒り糠(または生糠)を入れ、1の塩水を少しずつ加えながら、耳たぶくらいのかたさになるまで混ぜる。

昆布とトウガラシを埋める

糠床に、うま味アップのための乾燥昆布と、腐敗防止効果のある乾燥トウガラシを埋め込む。

4 「捨て漬け」をする

野菜くずを漬けて糠床に水分と栄養分を与える。1日経ったら新しい野菜くずと交換し、3日間繰り返す。

5 「本漬け」を行う

塩をすり込んだ好みの野菜を糠床に漬け込む。糠床は冷暗所に保存し(夏は冷蔵庫)、毎日かき混ぜる。

6 半日から1日で完成!

鰹節
KATSUO BUSHI

昆布や干しシイタケなどとともに、**日本のだし文化を支える鰹節**。豊かな香りと強いうま味を兼ね備える、日本料理に欠かせない発酵食品だ。煮た鰹を燻製した後、カビを付けて乾燥させてつくる鰹節は、かんなで削らなければならないほどかたく、**「世界で最もかたい食品」**ともいわれる。

奈良時代にはすでに鰹節の原型とみられるものがあり、室町時代から江戸時代にかけて徐々に製法が確立された。製造には少なくとも数か月かかり、加工状態によって「なまり節」「荒節」「本枯節」などと呼ばれ、使い分けも

されている（→P122）。また、削り節にも、原料や削り方によって多様な種類がある（→P124）。

鰹節を含む節類の生産量は右肩下がり。だし醤油やうま味調味料など手軽な調味料を使う消費者が増え、節類を使う機会が減っているものとみられる。

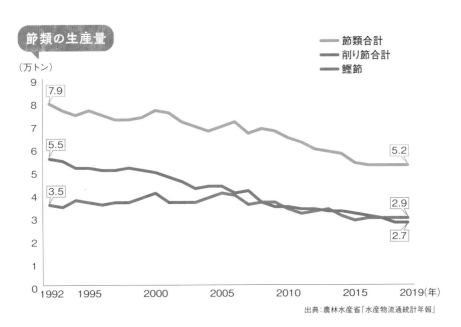

節類の生産量

節類合計
削り節合計
鰹節

（万トン）

- 7.9
- 5.5
- 3.5
- 5.2
- 2.9
- 2.7

1992　1995　2000　2005　2010　2015　2019(年)

出典：農林水産省「水産物流通統計年報」

鰹節の歴史

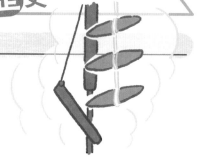

ルーツは鰹の干物

　日本人は、縄文時代から貴重なタンパク源として鰹を食べていたといわれる。保存性を高める目的で干し鰹がつくられ始めたのは5世紀頃からで、701年制定の「大宝律令」では、「堅魚」と呼ばれる干し鰹が納税用の物品に指定されている。

　干し鰹を煙で燻すようになったのは、室町時代に入ってから。囲炉裏の

上に干し鰹を吊るし、煮炊きする熱や煙で燻して乾燥させる「焙乾（燻乾）」の技術が導入され、現在の鰹節に近いものがつくられるようになった。

カビ問題をカビで解決！

　江戸時代初期には、より本格的な鰹節が登場する。紀州（現在の和歌山県）の角屋甚太郎という漁師が焙乾設備を改良し、現在の荒節に似た鰹節を考案。京都や大坂（現在の大阪府）を中心に**「熊野節」**の名で人気を博し、富裕層の間でだし用に使われるようになった。

　その後、熊野節の製法は土佐（現在の高知県）へ伝えられたが、江戸や大坂への輸送中にカビが発生するという問題が生じた。そこで2代目・角屋甚太郎は、悪いカビが付かないように**最初からよいカビを付ける**という画期的な方法、焙乾カビ付け法を編み出した。そうしてつくられた**「土佐節」**は、長期輸送と長期保存が可能で、味もよいことから評判を呼び、

土佐藩を代表する貿易品となった。

　土佐節の製法は江戸末期までに全国各地に広まり、明治期以降は品評会などを通じて技術的な進歩を遂げた。それまでの自然発生によるカビ付けが、純粋培養したカビの胞子を噴霧する方法に置き換わり、製造期間の短縮や品質保持が可能になった。これが鰹節製造の主流となり、現在に至っている。

高知県黒潮町の上川口天満宮に奉納されている「カツオ一本釣り絵馬」

画像提供：黒潮町

鰹節の製造工程

鰹節をつくるには時間と手間がかかる

❶生切り

原料となる鰹の頭と内臓を取り除き、鰹節加工用に切り分ける最初の工程を「生切り」という。

約3kg以下の小さめの鰹の場合は、そのまま三枚におろし、「亀節」と呼ばれる鰹節にする。一方、3kgを超える大きな鰹は、半身をさらに背肉と腹肉に切り分け、合計4本の節にする。

その4本の節のことを「本節」といい、背側2本は「雄節」、腹側2本は「雌節」と呼ばれる。

鰹を切り分ける

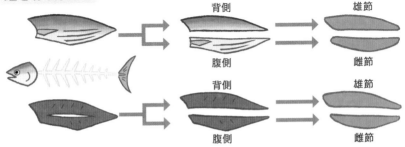

背側　雄節
腹側　雌節
背側　雄節
腹側　雌節

❷籠立て、煮熟

生切りした鰹の身を金属製の煮籠の上に並べる（籠立て）。このとき鰹の身を乱雑に並べると、出来上がりの形が悪くなるため、身の状態を確認しながらていねいに行う必要がある。

次に、煮籠ごと釜に入れ、80〜90℃の湯で1〜2時間煮つめる（煮熟）。**じっくり煮る**ことで、魚の生臭さが抜け、身の締まりがよくなる。

❸骨抜き

釜から煮籠を取り出し、1時間ほど冷ましてから、骨、皮、うろこ、皮下脂肪、汚れなどをていねいに取り除く。これを「骨抜き」といい、静岡県焼津市などでは、水を張った水槽に鰹を浮かべて骨抜きを行うことから「水骨」とも呼ばれる。水骨には、鰹の浮力を利用することで身が崩れにくくなる利点がある。皮はある程度残し、後の工程で乾燥具合を判断する目安にする。

❹水抜き焙乾、修繕

骨抜きを終えた節を、すのこの付いた蒸し籠に並べて燻し、乾燥させる（焙乾）。最初の焙乾を特に**「水抜き焙乾」**または**「一番火」**といい、一度だけ焙乾した節を**「なまり節」**と呼ぶ。

水抜き焙乾の後は、損傷した部分を修繕する。損傷したまま次の工程に進むと、身割れの恐れがあるためだ。

❺間歇焙乾、削り

修繕した節を再度蒸し籠に並べて焙乾する。長時間続けて焙乾すると、鰹の表面だけが乾いて中の水分が抜け切らないため、途中で火からおろして休ませながら10〜20日かけて燻す。

これを「間歇焙乾」といい、水抜き焙乾（一番火）の続きで、二番火、三番火と、回数に合わせて呼ぶ。2〜3回焙乾を終えた節のことを**「荒節」**や**「新節」**などという。

荒節を天日干ししてから2〜3日置き、表面に付いたタールや、内側から浸み出した脂肪分などを削り落として形を整える。削りの工程を終えた節は**「裸節」**または**「赤むき」**と呼ばれる。

❻カビ付け

2日ほど干した裸節を室に置き、カビ付けを行う。かつては室の中などに自然発生するカツオブシ菌を利用していたが、現在は純粋培養された優良カビの胞子を噴霧するのが一般的。通常6〜15日で「一番カビ」に覆われる。

❼天日干し・熟成

一番カビが生えたら室から取り出し、天日干しの後、一本一本刷毛でカビを払い落とす。カビ付けと天日干しを繰り返すうちに、25％ほどあった鰹内部の水分量は12〜15％にまで低下する。一般に、カビ付けを3〜4回以上行った鰹節を**「本枯節」**という。

製造工程によって分類すると

鰹節は、製造工程によって細かく分類されている。水抜き焙乾を終えたものを「なまり節」、完全に焙乾を終えたものを「荒節（新節、鬼節）」という。一般に「鰹削り節」としてパック包装された製品の多くは、荒節を原料としている。そして、荒節の表面を削ったものを「裸節（赤むき）」と呼ぶ。また、1〜2回のカビ付けと天日干しを経たものを**「上枯節」**または**「荒本仕上節」**といい、カビ付けと天日干しを3〜4回以上行ったものを「本枯節」という。

製造工程による鰹節の分類

種類	特徴
なまり節	生切り、煮熟後、1回焙乾したもの。
荒節／新節／鬼節	生切り、煮熟後、2〜3回焙乾したもの。
裸節／赤むき	荒節の表面のタールなどを削ったもの。
上枯節／荒本仕上節	カビ付けを1〜2回行い、天日干しによりカビを付着させたもの。
本枯節	カビ付けを3〜4回以上行ったもの。

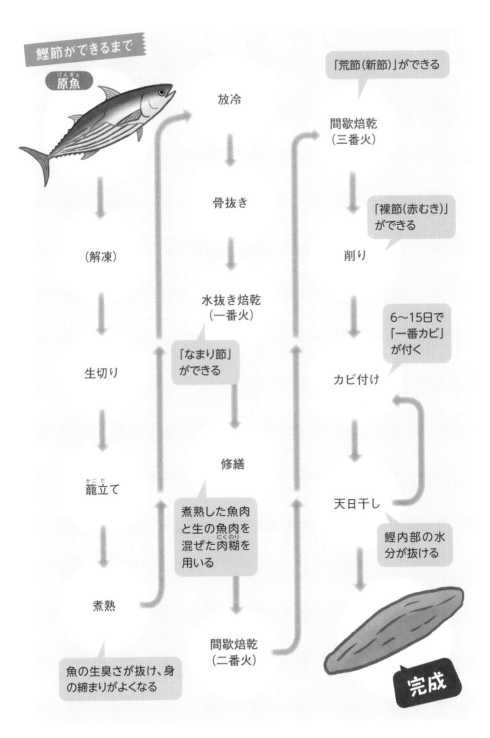

鰹節ができるまで

原魚（げんぎょ）

放冷

骨抜き

（解凍）

水抜き焙乾
（一番火）

「なまり節」
ができる

生切り

修繕

籠立て（かごだて）

煮熟した魚肉
と生の魚肉を
混ぜた肉糊（にくのり）を
用いる

煮熟

間歇焙乾
（二番火）

魚の生臭さが抜け、身
の締まりがよくなる

「荒節（新節）」ができる

間歇焙乾
（三番火）

「裸節（赤むき）」
ができる

削り

6〜15日で
「一番カビ」
が付く

カビ付け

天日干し

鰹内部の水
分が抜ける

完成

さまざまな 節 類

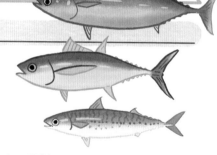

魚の種類による分類

　鰹節（かつおぶし）と同様に、生切り（なまぎ）した魚を煮熟し、焙乾（ばいかん）した食品を「節類（ふしるい）」といい、原料魚（げんりょうぎょ）の種類によって分類される。鰹からつくる鰹節のほか、宗田鰹からつくる「宗田節（そうだぶし）」、キハダマグロからつくる「まぐろ節」、脂の少ないゴマサバを原料とする「さば節」などがある。

　多くは削り節や麺つゆなどの加工品に使われるほか、うどん、蕎麦店のだしの原料としても重宝されている。それぞれ、だしの出方や風味に特徴があり、料理や地域の食文化に合わせて使い分けられている。

さまざまな種類の削り節

　だしやトッピングなどに手軽に使える「削り節」にも、さまざまな種類がある。日本農林規格（JAS）（ジャス）では、①水分26％以下または2番カビ以上のカビ付けを行った節類を削ったもの、②イワシ、アジ等の煮干しまたは圧搾煮（あっさくに）干しを削ったもの、③①と②を混合したものと定義されており、原料によって、鰹削り節、まぐろ削り節、さば削り節、混合削り節などに分類される。また、削り方によって、**厚削り**（あつ）、**薄削り**（うす）、**糸削り**（いと）などに分けられる。

原料魚の違いによる節類の種類

種類	特徴
鰹節	鰹（マガツオなど）を原料としてつくられる。クセが少なく、香り高くすっきりとした味わいが特徴。おもな産地は鹿児島県の枕崎市（まくらざき）や指宿市山川（いぶすきやまがわ）、静岡県焼津市（やいづ）など。
宗田節	原料は宗田鰹。鰹節と比べて味も色も濃厚だしがとれ、蕎麦やうどんのつゆ、煮物などに使われる。
まぐろ節	脂の少ないキハダマグロを原料としたもの。色が薄くクリアで、上品なだしがとれるため、関西の高級料亭や割烹で需要が高い。
さば節	脂の少ないゴマサバからつくられる。うま味が強く、雑味の少ないだしがとれ、おもに蕎麦やうどんのつゆに、鰹節や宗田節と合わせて使われる。
いわし節	マイワシ、ウルメイワシ、カタクチイワシを原料としてつくられる。煮干しとは香りが異なり、まろやかなだしがとれるため、関西以西のうどん店などで使われる。
さんま節	サンマを原料としたもの。やや淡白なだしがとれ、おもにラーメンのだしに使われる。カビ付けした枯節（かれぶし）ではなく、焙乾した荒節（あらぶし）（または裸節（はだかぶし））のみ流通している。

鰹節の おいしさと効果

鰹節のうま味はイノシン酸

鰹節のうま味の主成分は、鰹の魚肉に大量に含まれる核酸の一種、**イノシン酸**。イノシン酸は、鰹が死んだ後に筋肉中のATP（アデノシン三リン酸）という物質が分解されることで生成される。また、カビ付けの工程でも、カビが分泌する酵素によってイノシン酸が増加し、さらにうま味が増す。

一方、カビはタンパク質分解酵素の**プロテアーゼ**を出して鰹のタンパク質を分解し、**グルタミン酸**などのアミノ酸を鰹節中に蓄積する。鰹節のうま味は、**イノシン酸とグルタミン酸のうま**

鰹節からとるだしには豊かな風味がある。おもなうま味成分はイノシン酸だ

味の相乗効果によって生まれるのだ。

また、鰹節の上品な風味や香りもカビの働きによるもの。カビは大量のリパーゼ（脂肪分解酵素）を出し、鰹の脂肪分を分解する。その際にアルコール類などの香気成分を生成し、魚の生臭さや燻煙のにおいを抑え、香り高くまろやかな鰹節の風味をつくり出す。

鰹節のさまざまな健康効果とは？

鰹はもともと高タンパク・低脂質で知られる魚だが、鰹節に加工することで**タンパク質が3～4倍**に凝縮し、100gあたりのタンパク質の含有量は70～80gにもなる。脂肪分は、煮熟やカビ付けの過程でさらに低減する。

鰹節にはまた、人間の体内で合成できず、外から摂取しなければならない**9種類の必須アミノ酸**がすべて含まれている。特に、成長促進効果やダイエット効果があるといわれる**ヒスチジン**の含有量が多いのが特徴。必須アミノ酸以外にも、血中コレステロール値を下げ、血圧を正常に保つ働きがあるといわれる**タウリン**が多く含まれる。

鰹節特有の成分である鰹節ペプチドのうち、特に一番だしで抽出されやすい**ジペプチド**には血圧の上昇を抑える働きがあるといわれ、だしのうま味を生かした**減塩効果**と相まって、**血圧の上昇を予防**する効果が期待できる。

タンパク質　必須アミノ酸　カリウム　タウリン　カルシウム　ジペプチド

魚の発酵食品
Fermented Fish Products

| なれずし

酸味とうま味が特徴

「なれずし」は、**塩をした魚介類を米飯とともに漬け込み、乳酸菌を中心**とした微生物の力で発酵させたもの。貴重な動物性タンパク源である魚介類や肉類を保存するために編み出された伝統的な発酵食品だ。中国や東南アジアには肉類のなれずしも数多く存在するが、日本では魚介類を原料としたものが多くを占める。

なれずし特有の**強い酸味**の正体は、乳酸菌が米飯に作用して生み出される

代表的ななれずし、滋賀県の郷土料理「ふなずし」

多量の乳酸。そこに魚のタンパク質が分解されてできた**アミノ酸のうま味**が加わり、珍味と呼ぶにふさわしい深い味わいとなる。漬け込む期間は魚介の種類によって異なり、短いものは数日、長いものでは数十年に及ぶ。

なれずしの歴史と日本での発展

なれずしは、中国南部または東南アジアの**メコン川流域で発祥**したと考えられている。紀元前2世紀頃の中国最古の辞書に、なれずしの原型とみられる魚や肉の塩辛に関する記述がある。日本には、縄文時代後期から弥生時代初期に、稲作技術とともに伝わったとされ、**奈良時代には貝類のなれずしを**つくっていた記録が残っている。

その後、日本人の知恵が随所に入り、各地で独自のなれずしがつくられてきた。滋賀県のほか、福井県、石川県、秋田県など**日本海側に伝統的ななれずしが多いの**は、稲作が日本海側から伝来したことと、日本海は冬に荒れやすく漁ができないため、保存食が必要だったことが要因と考えられる。

江戸時代には、江戸前ずしに代表される、新鮮な魚介類と酢飯を使った「早ずし」が登場（→P79）。現在、「すし」といえば早ずしを指すのが一般的だが、すしの語源といわれる「酢し」は、発酵によって酸味を帯びた状態で、そのルーツはなれずしにある。

さまざまな**なれずし**

　日本海側を中心に各地にさまざまななれずしがあるが、発酵・熟成期間の長さにより大きく2種類に分けられる。

　発酵・熟成期間が短くて1年、長いもので数十年に及ぶなれずしを**「本熟鮓 (本熟れ)」**といい、滋賀県の名物**「ふなずし」**や、和歌山県の**「サンマのなれずし」**などがこれに当たる。

　魚と一緒に漬け込む米飯は乳酸発酵を促進するため、漬け込む期間が長くなればなるほど発酵が進み、米粒がドロドロに溶けて流状化する。したがって本熟鮓の場合、米の部分は食べずに、魚だけを食べるのが一般的だ。

　一方、秋田県の**「ハタハタずし」**に代表される「いずし」や、石川県の**「かぶらずし」**などは、漬け込み期間が数日から数週間程度と本熟鮓よりも短い。このようななれずしを総じて**「生熟鮓 (生熟れ)」**という。室町時代からつくられるようになった生熟鮓は、本熟鮓ほど長く発酵させないので、米粒が原形をとどめており、魚と米飯を一緒に食べるものが多い。

日本各地のおもななれずし

北海道 ニシンずし

青森県
アケビのなれずし
ヤマブドウのなれずし

秋田県
ハタハタずし

富山県
サバのなれずし
アユのなれずし

石川県 かぶらずし

福井県 サバのなれずし
アユのなれずし

島根県
アユのなれずし

滋賀県 ふなずし

三重県 サバのなれずし

奈良県 アユのなれずし

和歌山県 サンマのなれずし
サバのなれずし、アユのなれずし

ふなずし

滋賀県の琵琶湖周辺でつくられる、日本最古級の本熟鮓（→P8）。ニゴロブナの内臓を取り除き、塩漬け、塩出し、飯漬けをした後、米飯と交互に桶に入れて密閉し、重石をのせて半年から1年漬け込む。酒の肴やご飯のおかずとして食べるほか、お茶漬けや吸い物の具にしてもよい。

かぶらずし

石川県の加賀地方に伝わる生熟鮓。薄く輪切りにしたカブに薄切りの寒ブリを挟み、塩と麹で10日間ほど漬け込むと完成する。なれずし特有のにおいは少なく、うま味、甘み、酸味のバランスがよい。そのまま切り分けて、カボスと醤油を少量たらして食べるのがおすすめ。

なれずしのおいしさと健康効果

なれずしは、魚の長期保存が可能になるだけでなく、**発酵・熟成を経て生まれる独特の味と香り**も楽しめる。乳酸菌が米飯に作用してできる**乳酸の酸味**と、魚のタンパク質が分解されてできる**アミノ酸のうま味**、そして発酵の過程で生まれる有機酸やアルコールなどの**香気成分**が合わさったものだ。

また、なれずしは健康によい食品としても注目されている。発酵中の微生物がさまざまな**ビタミン類**を多量に生成するため、ビタミン補給に役立つことがわかっている。さらに、乳酸菌など、**腸内環境を整える働きを持つ細菌群**が多く含まれているのも特徴。それらの細菌群は、下痢や便秘を予防するなど、美容と健康を保つうえで重要な働きをしてくれる。

塩辛
しおから

魚介類の内臓を塩漬けに

魚介類の身や内臓を生のまま塩漬けにした塩辛は、魚介類の保存食品として誕生し、現在はツウ好みの珍味として親しまれている。保存性が高まるだけでなく、原料に含まれる酵素によって**うま味**が醸成されたり、微生物によってさまざまな**香気成分**が生成されたりして、独特の風味が生まれる。

本来の塩辛は、腐敗を防ぎ長期保存

イカの塩辛は酒のあてにぴったり

ができるように塩分濃度を10％以上にするが、近年は減塩志向の高まりなどから、塩分濃度を5％以下に抑えた減塩塩辛も増えている。その場合は常温での長期保存はできず、冷蔵保存が必須となる。

さまざまな塩辛

塩辛と聞いて、まず思い浮かぶのは**イカの塩辛**だろう。イカの身とわた（肝臓）を塩漬けにして熟成させることで、イカ自体に含まれる酵素がタンパク質を分解し、アミノ酸などのうま味成分が増加するとともに生臭さが軽減され、独特の風味を持つ塩辛になる。

ほかにも、魚の内臓を原料とする**「酒盗」**、ナマコの腸を原料とする**「こ**
しゅとう

のわた」、サケの腎臓を原料とする**「めふん」**、アユの内臓を原料とする**「うるか」**など、日本では多種多様な塩辛がつくられている。魚介類を原料とするものがほとんどだが、内陸部ではシカやウサギ、山鳥などの塩辛もある。

塩辛は全般的に消化がよく、栄養価が高いことから、古くは滋養食として珍重されていた。特に、イカの塩辛はタウリン、めふんはビタミンB_{12}や鉄分の補給に適している。

イカの塩辛

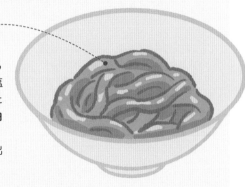

日本で最も食べられている塩辛の代表。おもに**スルメイカ**を原料とし、その身と肝臓に塩を混ぜて熟成させる。皮付きのイカを用いたものは**「赤づくり」**、皮をむいたものは**「白づくり」**、墨袋を混ぜたものは**「黒づくり」**
すみぶくろ
と呼ばれる。酒の肴のほか、料理のコクを出すため調味料として活用されることもある。

魚の内臓を原料とした塩辛（しおから）の総称。酒の肴（さかな）に最適で、「盗まれるように酒がなくなっていく」ことからその名が付いたといわれる。マグロやサケなどさまざまな魚の酒盗があるが、**カツオの内臓**を用いた酒盗が最も有名。高知県や鹿児島県などを中心につくられている。

このわた

ナマコの腸を原料とする塩辛で、からすみ、ウニとともに**日本三大珍味**のひとつに数えられる。ナマコの異称が「こ」で、その内臓（わた）を使うため、「このわた」と呼ばれるようになったといわれる。**石川県能登（のと）地方**をはじめ、愛知県、山口県などが名産地。

めふん

サケの腎臓を塩辛にした、**北海道の名産品**。めふんの語源は、アイヌ語で「魚の背わた（腎臓）」を意味する「メフル」から転じたものといわれている。酒の肴として重宝されているほか、**ビタミンB$_{12}$や鉄分が豊富**に含まれているため、健康食品としても注目されている。

うるか

アユの内臓を原料とした塩辛で、**岐阜県**をはじめ、島根県、熊本県、大分県などで生産が盛ん。アユの内臓だけでつくる「苦（にが）うるか」のほか、ほぐした身を混ぜた「身うるか」、卵巣のみを使った「子うるか」などさまざまな種類があり、微妙な風味の違いが楽しめる。

アジアの塩辛

アジアは世界の中でも魚介類の塩辛が発達した地域。日本以外のアジアの国々にも塩辛に似た発酵食品が数多く存在し、その国の食文化に深く根付いている。

チョッカル

朝鮮半島における塩辛の総称。小エビ、カタクチイワシ、イシモチ、タラコ、カキなど、**多種多様な魚介類のチョッカルが存在する**。小エビやカタクチイワシのチョッカルは、**キムチを漬ける際に欠かせない**もので、料理の薬味や調味料としても重宝されている。

シュリンプペースト

オキアミや小エビの塩辛をすりつぶしたもので、東南アジア一帯で広く用いられている発酵調味料。インドネシアの「**トラシ**」、マレーシアの「**ブラチャン**」、タイの「**カピ**」など、国ごとに呼び方が異なる。強い塩気とうま味、水産発酵食品特有のにおいが特徴的。

アジアのおもな塩辛

日本 イカの塩辛
酒盗
このわた
めふん
うるか

朝鮮半島 チョッカル

インドネシア トラシ

タイ カピ

ベトナム マムトム

マレーシア ブラチャン

くさや

においが強烈な干物

伊豆諸島の名物である「くさや」は、アオムロ、ムロアジ、トビウオなどの**青魚を原料とした干物**。焼いたときに強烈な臭気を発することから、「くさい」から転じて「くさや」という名前が付いたといわれる。

独特のにおいのもととなるのは、**「くさや汁」**と呼ばれる漬け汁。江戸時代の初め、伊豆諸島では年貢である塩の取り立てが厳しく、干物をつくるための塩が不足していたことから、海水に魚を漬けて天日干しを繰り返す干物の製造方法が考案された。そして、同じ海水に何度も魚を浸しているうちに、魚の成分が溶け出した発酵液、「くさや汁」が出来上がった。このくさや汁で漬けた干物が江戸の食通の間で評判を呼び、珍重されるようになったと伝えられている。

くさやは、かつては発祥地の新島だけでつくられていたが、現在は伊豆大島や八丈島などでも生産されている。

くさやのおいしさと効果

くさや特有のにおいやうま味を生み出すのは、くさや汁の中に生息する乳酸菌の一種、**コリネバクテリウム・クサヤ**（通称「くさや菌」）などの細菌である。漬け込んでいる間、これらの微生物が魚のタンパク質や脂肪分を分解し、香気成分やうま味成分をつくり出す。くさやは、酒の肴やご飯のおかずとしてそのまま食べるほか、醤油マヨネーズを付けたり、身をほぐしてお茶漬けの具にしたりしてもおいしい。

また、くさや汁には、**ビタミン類**や**アミノ酸**などの栄養分のほか、**抗菌性物質**も多量に含まれている。生産地の伊豆諸島では、医療体制が不十分だった時代に、くさや汁を病気やケガの治療薬として用いていた。

ビタミン類　アミノ酸　乳酸菌　抗菌性物質

くさやのつくり方

　くさやの製法は、発祥から400年以上経った今でもほとんど変わらない。使用する魚は、アオムロやムロアジ、トビウオ、シイラなど、**伊豆諸島近海で獲れる青魚**が中心。新島や伊豆大島ではアオムロやムロアジ、八丈島ではアオムロやトビウオが多く、特に**アオムロのくさやが上物**とされている。

　魚が新鮮なうちに腹を開き、内臓除去や血抜きなどの下処理を行う。それから、茶色く粘り気のあるくさや汁に10〜20時間ほど漬け込み、よくなじませる。くさや汁は各家庭で継ぎ足しながら代々受け継がれており、なかには数百年使われ続けているものもある。

　くさや汁から取り出した魚は真水で洗浄し、1〜2日ほど天日で乾燥させる。完成したくさやには、**発酵によって生じた独特の臭気**があるため、商品は真空パックや瓶づめが一般的。なお、**加熱すると臭気がさらに増す**ため、焼いて食べる際は周囲に配慮しよう。

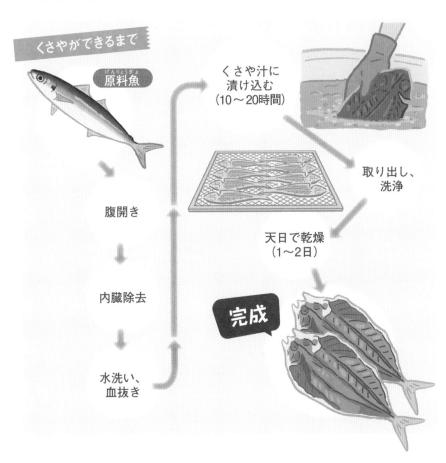

くさやができるまで

原料魚（げんりょうぎょ）

くさや汁に
漬け込む
（10〜20時間）

腹開き

取り出し、
洗浄

内臓除去

天日で乾燥
（1〜2日）

完成

水洗い、
血抜き

魚の糠漬け

糠漬けには魚もある

　糠漬けといえば、キュウリや大根などの野菜を漬け込むのが一般的だが（→P110）、魚を漬け込むこともある。その歴史は古く、文献によれば、鎌倉時代にはすでに魚の糠漬けがつくられていたと考えられる。

　魚の糠漬けに使われる魚は、サバ、タイ、アユ、フグなど多岐にわたるが、本場である**北陸ではサバやイワシが代表的**で、福井県若狭地方では**「へしこ」**と呼ばれている。

　基本的な製法は、**塩漬けと本漬けの2段階**に大きく分けられる。イワシの糠漬けの場合、まずイワシの頭と内臓を取り除き、魚体の重さに対して30〜35%の塩を振りかけて樽に漬け込み、重石をのせて10日ほど塩漬けにする。それから水切りし、麹とトウガラシを混ぜた糠床で本漬けし、半年から1年ほど熟成させると完成する。

魚の糠漬けのおいしさと栄養分

　魚の糠漬けは**焼いて食べる**のが一般的で、酒やご飯によく合う**芳醇なうま味**を持つ。これは、本漬けの過程で乳酸菌や酵母が活発に働いて、ほかの微生物の増殖を抑えながら、魚の**タンパク質をうま味成分に変える**ためである。

　サバの糠漬けの場合、原料の生サバと比較して、アミノ酸は約2.5倍、ペプチドは約5倍にもなることがわかっている。

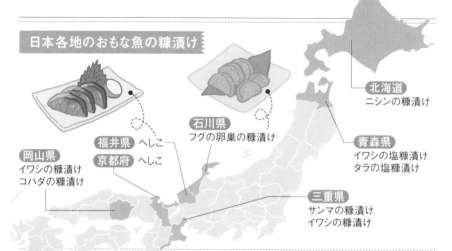

日本各地のおもな魚の糠漬け

北海道
ニシンの糠漬け

石川県
フグの卵巣の糠漬け

福井県 へしこ
京都府 へしこ

岡山県
イワシの糠漬け
コハダの糠漬け

青森県
イワシの塩糠漬け
タラの塩糠漬け

三重県
サンマの糠漬け
イワシの糠漬け

さまざまな魚の糠漬け

へしこ

福井県若狭地方の郷土料理。かつては冬季の保存食として珍重され、今では福井名物として親しまれている。生産量が最も多いのは**サバ**のへしこだが、**イワシ**や**フグ**などもある。重石をのせて漬け込むことを「圧し込む」と言ったことから「へしこ」と呼ばれるようになったと考えられている。塩分濃度は9.8〜14.1％と製品や産地によって異なり、福井県三方地方のへしこは比較的塩分濃度が低い。

フグの卵巣の糠漬け

日本海近海で獲れるゴマフグの卵巣を取り出し、**約1年間の塩漬けと約2年間の糠漬け**を経て完成する、**石川県の名産品**。塩気が強いが、濃厚な味わいが口の中に広がる。ご飯のお供や酒の肴はもちろん、お茶漬けの具にしてもおいしい。フグの卵巣には**猛毒のテトロドトキシン**が多量に含まれるが、塩漬けによる脱水や、糠に含まれる乳酸菌や酵母の働きによって**毒が大幅に減少し**（解毒発酵）、食べられるようになる。

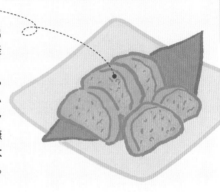

Mini column 発酵 + α

フグの子の糠漬けは「奇跡の発酵食品」

石川県の旧美川町（現在の白山市）に古くから伝わるフグの卵巣（フグの子）の糠漬けは、「奇跡の発酵食品」といわれる。フグの卵巣には、青酸カリの約1000倍ともいわれる猛毒のテトロドトキシンが含まれているが、2〜3年糠漬けすることによって、その毒が人体にとって無害なレベルにまで減少する。世界でも類を見ない**「毒抜き発酵食品」**なのである。

発酵中に毒が抜ける**「解毒発酵」**には、乳酸菌や酵母が深く関係していると考えられているが、しくみは解明されていない。昔の人々は、試行錯誤のうえにこの解毒発酵を発見したのだろう。

魚醤 （ぎょしょう）

魚介類からつくる発酵調味料

魚醤は、**魚介類を原料とした液体の発酵調味料**の総称。塩辛（→P129）をつくる過程で出る液体を取り出して調味料としたもので、魚肉のタンパク質が分解されてできた**アミノ酸や核酸の濃厚なうま味**に加え、発酵によって生じる**複雑で強い香り**も備わっている。

日本、中国、朝鮮半島、タイ、ベトナム、インドネシアなど、現在はアジア圏を中心にさまざまな魚醤がつくられているが、古代ローマの時代につくられていた「ガルム」という魚醤は、酢とともに最古の発酵調味料のひとつとして知られている。

さまざまな魚醤

日本でもかつては全国各地で魚醤づくりが行われていたが、穀物を原料とした醤油の普及もあって、現在は限られた地域にとどまっている。代表的なものとして、**秋田県の「しょっつる」、石川県の「いしる」、香川県の「いかなご醤油」**があり、これらは**日本三大魚醤**とされている。各地域ではつけ醤油として使ったり、郷土料理の味付けに用いたりと幅広く利用されている。

また、エスニック料理が身近になった今日では、**ナンプラーやニョクマム**といった東南アジアの魚醤（→P138）も一般に見られるようになった。その影響もあってか、日本の魚醤に対する注目度も高まってきている。

アジアのおもな魚醤

中国 魚醤

日本
しょっつる(秋田県)
いしる(石川県)
いかなご醤油(香川県)

ベトナム
ニョクマム

タイ
ナンプラー

フィリピン パティス

カンボジア プラ・ホック

マレーシア ブドゥ

インドネシア
ケチャップ・イカン

136

しょっつる

秋田県の伝統的な魚醤で、おもに**ハタハタ**を原料とし、1年以上熟成させて上澄み液を取ったもの。塩漬けの際に米飯や麹、ニンジン、昆布などを混ぜ込むこともある。ほかの魚醤に比べて色が淡く、魚の生臭さも少ないのが特徴で、加熱すると上品な甘みとコクが出る。魚介料理との相性がよく、秋田では魚介の鍋料理に欠かせない。ハタハタの漁獲量の減少にともない、現在はアジやイワシなどの魚も使われる。

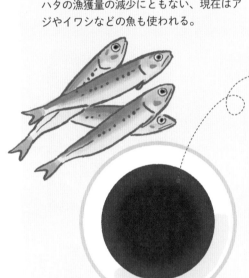

いしる

石川県能登地方に伝わる魚醤で、日本の魚醤の中で最も生産量が多い。原料に**イカの内臓**を使用するものと、**イワシやサバ**などの魚を使うものがあり、イカ漁が盛んな内浦（富山湾側）では**「いしり」**とも呼ばれるイカの魚醤が多く生産されている。産地では、刺身につけたり、野菜や魚を煮る際の調味料や、料理の隠し味として使用されるほか、貝焼きや**「いしり鍋」**などの郷土料理にも幅広く活用されている。

いかなご醤油

瀬戸内海のイカナゴを原料とした、香川県の伝統的な魚醤。塩分濃度は29%前後とほかの魚醤よりも高めだが、うま味も強いため、食べたときの塩辛さはそれほど強く感じられない。1960年頃、消費量の減少にともない生産者がいなくなり、一度消滅したが、のちに香川県木田郡庵治町（現在の高松市）の有志らによって生産が再開された。それでも生産量は非常に少なく、**「幻の魚醤」**と呼ばれることもある。

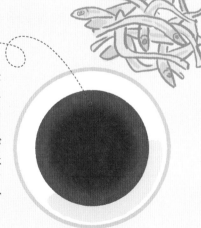

世界の魚醤

魚醤はおもにアジアで発達した発酵調味料で、特に東南アジアは魚醤の宝庫といえる。数少ないヨーロッパの魚醤とあわせて、代表的なものを紹介しよう。

ナンプラー

タイを代表する調味料で、ベトナムのニョクマムにならって1922年からつくられ始めたといわれる。原料にはイワシやアジ、サバなどの海水魚のほか、まれに淡水魚も使われる。アミノ酸を多く含み、**濃厚なうま味と独特の発酵臭**があり、さまざまな料理に活用される。

ニョクマム

カタクチイワシやムロアジなどの小魚を塩漬けにして発酵させてつくる、**ベトナムの魚醤**。タイのナンプラーに比べると塩分濃度や発酵度合いが低く、魚のにおいが強いのが特徴。かつては各家庭でニョクマムがつくられていたが、現在は工場生産が中心となっている。

パティス

フィリピン北部の島々を中心に、麺料理やスープ料理の調味料として使われている魚醤。**小エビや小魚を塩と一緒に漬け込み、発酵・熟成によって生じた上澄み液を取り出してつくる。なかでも1〜2年かけて熟成させたものは高級品として扱われる。

コラトゥーラ

イタリア南部のチェターラでつくられているカタクチイワシの魚醤。塩だけで漬け込み、半年から数年間熟成させた、**臭みの少ない上品な風味**が特徴。古代ローマの時代の魚醤「ガルム」の名残といわれ、魚醤がほとんど見られないヨーロッパではたいへんめずらしい存在だ。

漬物古今東西

　漬物の起源は、食品の保存のための塩蔵品ですが、西欧では酢漬けが主体。古代メソポタミアでは、野菜にワインや酢をかけ、酸を強くすることで保存性を高めた食品がピクルスになったとされています。大航海時代には、長い航海中、ビタミンCを取らないことで赤血球に異常をきたす壊血病（かいけつびょう）の予防に、新鮮な野菜を酢漬けにしたピクルスを船に積み込んで食べたともいわれます。

　ところで、日本の食材の種類は、西洋料理や中華料理より多い1万種類といわれ、四季折々のものが生産されます。日本でも、冷蔵庫などがなかった時代、食材を無駄なく、腐らせることなく、しかもおいしくいただく方法として、漬物が発達したに違いありません。

　このように多くの食材からつくられる漬物は、種類が多く、日本では600種類を超えるといわれています。なじみのあるたくあん漬けや糠漬け（ぬかづけ）、粕漬け（かすづけ）のような発酵漬物、発酵させない酢漬けや醤油漬けなどから、炊いたご飯にアケビを漬け込んだ「アケビのなれずし」まで、実にバラエティに富んでいます。

　さらに、世界中のめずらしいものを食べてきた発酵食品学の巨匠である小泉武夫（こいずみたけお）先生をしてめずらしいと言わしめた、「なまぐさこうこ」（新潟）や「ベン漬け」（石川）などもあります。どちらも大根を魚の塩辛（しおから）や魚醤などに漬け込んだ漬物なのですが、食べ方がめずらしく、焼いて食べるのです。魚の香ばしいにおいが立ち込め、そのにおいでご飯1膳、塩っ辛いので1口噛んでご飯1膳、もう一口噛んでさらに1膳という具合に、ご飯が進む進む……。発酵の力に平伏です。

肉の発酵食品
Fermented Meat Products

ドライソーセージ

水分量が少なく長期保存が可能

　ヨーロッパでは古来、貴重なタンパク源である肉の保存性を高めるため、さまざまな「発酵肉」がつくられてきた。そのひとつ、「ドライソーセージ」は、豚や牛の粗挽き肉を塩漬けした後、食塩や香辛料とともに腸づめにして、1〜3か月ほど乾燥・熟成させたもの。日本農林規格（JAS）法の分類では、**水分含量35%以下のソーセージをドラ**イソーセージと規定している。

　ドライソーセージは、製造過程で加熱処理をせず、**乳酸発酵によるpH値の低下と塩分**によって腐敗菌の増殖を抑え、長期保存が可能となっている。かつては乾燥・熟成中に自然発生した乳酸菌で発酵させていたが、現在は人工的に培養した乳酸菌を添加するのが一般的だ。

サラミ

イタリア語で塩を意味する「sale」が語源とされる、**イタリア生まれのドライソーセージ**。粗挽きの豚肉に塩や香辛料などを混ぜ、腸またはセルロース製のケーシング（ソーセージの皮の部分）につめて低温で乾燥・熟成させる。イタリア各地には多様なサラミがある。

白カビサラミ

イタリア発祥のドライソーセージ。表面に白カビが生えることで、適度に水分が抜けて味が凝縮するとともに、微生物の酵素によって脂肪やタンパク質が分解されてうま味が増す。カマンベールチーズのような**白カビならではの風味**と、**とろけるような食感**が特徴。

セミドライソーセージ

乾燥・熟成期間が短く、ほどよい水分量

ドライソーセージよりも乾燥・熟成期間が短く、水分を多く含むソーセージを「セミドライソーセージ」という。日本農林規格（JAS）法の規定では、**水分含量55％以下のもの（ドライソーセージを除く）**とされる。

豚や牛の粗挽き肉を塩漬けした後、食塩や香辛料を混ぜて乾燥・熟成させる点など、基本的な製法はドライソーセージと同じだが、乾燥・熟成期間の短いセミドライソーセージの場合、製造過程で**加熱処理**を施すのが一般的。ドライソーセージに比べると保存性は低く、10℃以下の**冷蔵保存**が望ましい。

代表的なものに、**スペイン発祥の「チョリソー」**や、世界で最も古いソーセージとして知られる**ドイツの「セルベラート」**などがある。

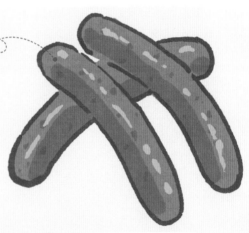

チョリソー

豚肉を細かく刻み、豚の脂肪、塩、パプリカなどを混ぜ合わせて腸づめにし、乾燥・熟成させてつくる。形状・味・かたさなどが違う**バリエーションが豊富**で、用途も幅広い。なお、**メキシコのトウガラシ入りチョリソー**は、中世にスペインから伝わったのち、独自の発展を遂げたものである。

セルベラート

豚肉を細かく刻んで塩漬けした後、豚の脂肪、コショウなどを加えてケーシングにつめ、冷燻※して乾燥・熟成させる。かすかな**酸味を帯びた脂のうま味**と、**なめらかな舌触り**が特徴で、ワインやビールと相性抜群。材料の肉やスパイスの種類が異なる、多種多様な製品が生み出されている。

※冷燻：20〜30℃の低温で長時間燻製すること。

生ハム

加熱処理をしない・発酵熟成肉

生ハムは、涼しく乾燥したヨーロッパの山岳地帯で生まれた保存食。豚のモモ肉を塩漬けにし、乾燥・熟成させたもので、基本的には製造過程で**加熱処理を施していない発酵肉**を指す。

熟成期間は短くても数か月、長いもので数年にも及び、その間にカビや乳酸菌などの作用で**うま味や風味が醸成**される。長期熟成の生ハムとして、スペインの「ハモン・セラーノ」や、イタリアの「プロシュート・ディ・パルマ」がよく知られている。

プロシュート・ディ・パルマ

世界的に名高い**イタリア・パルマ産の生ハム**。豚のモモ肉を塩漬けした後、ナシ形に成形して熟成庫に吊るし、半年後に豚の脂とコショウを混ぜたペーストを塗ってさらに半年ほど熟成させる。**芳醇なうま味と美しい色調**を誇り、サラダやパスタなどに幅広く活用されている。

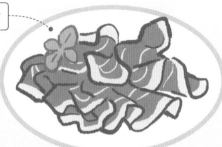

ハモン・セラーノ

生ハムの生産量で世界一を誇る**スペインの代表的な生ハム**。「ハモン」は「ハム」、「セラーノ」は「山地の」という意味で、その名のとおり、伝統的に**山岳地帯**でつくられてきた。白豚を原料とし、熟成期間は8〜9か月のものと、11か月以上のものがある。

金華火腿（キンカホイテイ）

プロシュート・ディ・パルマ、ハモン・セラーノと並ぶ**世界三大生ハム**のひとつで、**中国の浙江省（せっこうしょう）**でつくられる。豚のモモ肉を塩漬けし、半年ほど乾燥・熟成させる。カビなどの働きで水分が抜けて、**非常にかたくなり、濃縮した味わい**に。

チーズ
CHEESE

そのまま食べたり、料理に加えたりと、幅広い用途で親しまれているチーズは、家畜の乳を原料とした**「発酵乳製品」**の一種。乳酸菌や酵素の働きで乳のタンパク質を固めたもので、原料乳の種類や発酵形式によって多種多様なチーズができる。世界には1000種類以上のチーズがあるといわれ、それらは**ナチュラルチーズ**と**プロセスチーズ**の2種類に大きく分けられる。

日本国内のチーズ総消費量は、1990年度から増加傾向で、2019年度には過去最大の35.6万トンに達した。一方、国産チーズの割合（ナチュラルチーズ

世界各国でさまざまなチーズがつくられている

ベース）は1割強。チーズの安定供給のためには、海外産に頼らないといけないのが実状だ。

チーズ総消費量と国産チーズの割合

■ チーズ総消費量（万トン）
― 国産チーズの割合（%）

出典：農林水産省「チーズの需給表」

143

チーズの歴史

チーズは世界最古の加工食品

紀元前6000年頃、ヤギや羊などの家畜化が始まり、中央アジアで乳を飲む習慣が生まれた。古代の人々は食料の貯蔵容器として家畜の皮や内臓を利用していて、胃袋を水筒代わりに使っていた。そこに乳を入れると、胃に残った**消化酵素（レンネット）の働きで乳が凝固**することを発見したのが、チーズの原点と考えられている。

紀元前4000〜3500年頃に**メソポタミア地方でチーズが誕生**し、前3000〜2000年頃に中近東からトルコ、ギリシャにかけての広範囲に伝わった。前1000年頃に**北イタリアでチーズづくりの基礎が築かれ**、ヨーロッパ各地に製法が広まると、修道院などが競ってチーズをつくるように。イギリスでは約700種類、イタリア、フランスではそれぞれ約400種類ものチーズが生まれ、各国の食文化に根付いていった。

一方で、シルクロードを通ってインドや中国へ伝わったとされている。

チーズの誕生と各地への広がり

← ヨーロッパルート
→ アジアルート

イギリス　オランダ　ドイツ
フランス　イタリア　トルコ
スペイン　ギリシャ　**チーズ誕生 メソポタミア地方**　モンゴル　韓国　日本
イラン　チベット　中国南部　インド

出典：QBBウェブサイト「チーズの歴史」

日本のチーズの始まりは？

日本におけるチーズの元祖は、牛の乳を煮つめた**「酪」「蘇」「醍醐」**だといわれる。平安中期の法典『延喜式』には、当時牛の飼育が盛んだった東国から蘇が献上されたという記述もある。しかし、中世以降は武士の台頭で馬の需要が高まり、牛の飼育が減少したため、乳製品は製造されなくなった。

日本でチーズづくりが本格的に始まったのは、明治維新以降、**北海道の開拓事業によって酪農が奨励された**ことによる。1930年代にチーズの工業生産が始まり、1960年代以降の食の洋風化を受けて、一般に広く普及した。

チーズの製造工程

乳酸菌と酵素が働く

まず、原料乳を低温長時間殺菌法（LTLT殺菌法）で**加熱殺菌**し、30℃程度まで冷却する。そこへ乳酸菌を加えて**乳酸発酵**させ、しばらくしたら、子牛の胃袋にあるタンパク質分解酵素**「レンネット」**を加える。すると、レンネットの作用によって、乳に含まれる**タンパク質の一種・カゼインが凝固**する。かつては子牛などの胃からレンネットを抽出していたが、現在はおもに微生物由来の酵素が使われている。

レンネットの作用によってカゼインが固まったものを**「カード」**といい、

パルミジャーノ・レッジャーノ（→P150）の製造過程で、カードのかたさを確認するチーズ職人

分離してできた液体を**「ホエイ（乳清）」**という。カードを適当な大きさに切断し、攪拌しながら加熱すると、カードの内部からホエイがしみ出し、さらにかたくなる。凝固したカードだけを型につめ、食塩を加えて一定期間熟成させたものが**ナチュラルチーズ**となる。

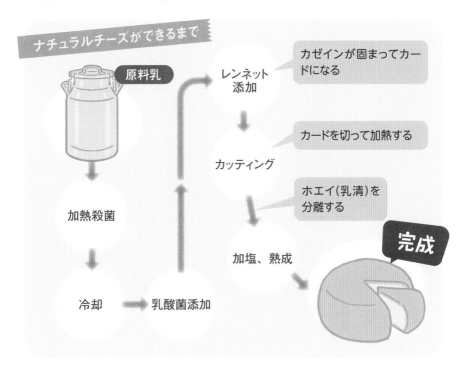

ナチュラルチーズができるまで

原料乳

レンネット添加 — カゼインが固まってカードになる

カッティング — カードを切って加熱する

ホエイ（乳清）を分離する

加塩、熟成 — 完成

加熱殺菌

冷却 → 乳酸菌添加

チーズの種類

ナチュラルチーズとプロセスチーズ

世界には形状や風味の異なるさまざまなチーズが存在するが、それらはすべて、ナチュラルチーズかプロセスチーズのどちらかに分類される。

ナチュラルチーズは、牛やヤギなどの乳に乳酸菌や酵素を加えて凝固(ぎょうこ)させ、水分（ホエイ）を取り除いたもの全般を指す。ほとんどのチーズがこれに当てはまり、さらに細かな分類もある。日本の場合は、下の表のとおり**7つのタイプ**に分けるのが一般的だ。

プロセスチーズは、1種類または数種類のナチュラルチーズを混ぜ、タンパク質を溶かす働きのある乳化剤を加えて加熱・溶融(ようゆう)し、再び成形したもの。加熱処理の間に発酵菌が死滅し、熟成が止まるため、ナチュラルチーズに比べて**保存性が高く、安定した風味**になる。20世紀初頭に開発され、日本では1934年に製造・販売が始まった。チーズを日常的に食べる習慣のなかった日本では、日持ちするプロセスチーズが好まれて普及し、現在も国産チーズの大部分を占めている。

ナチュラルチーズの種類

熟成方法	かたさ	タイプ	製法・特徴
非熟成	軟質(なんしつ)	フレッシュ	カードからホエイ（乳清(にゅうせい)）を分離させた後、熟成させないチーズ。比較的クセが少なく、食べやすい。
カビ熟成	軟質	白カビ	表面に白カビを付けて熟成させたチーズ。内部はクリーム状でマイルドな味。熟成が進むほどやわらかくとろけるような食感になる。
カビ熟成	半軟質または半硬質(はんこうしつ)	青カビ	内部に青カビを繁殖させて熟成させたチーズ。刺激的な香りと強い塩味が特徴で、ブルーチーズとも呼ばれる。
カビ熟成または細菌熟成	軟質	シェーヴル	ヤギの乳でつくられるチーズ。独特の風味があり、熟成が進むと味・香りとも強くなる。やわらかくクリーミーな食感。
細菌熟成	軟質	ウォッシュ	枯草菌(こそうきん)の一種で熟成させたチーズ。塩水や酒で表面を洗って菌の繁殖を調整するため、独特の風味と強い臭気がある。
細菌熟成	硬質	セミハード	保存性を高めるために水分を40〜50%に調整したチーズ。深いコクと香りがあるが、比較的クセは少なく、食べやすい。
細菌熟成	硬質	ハード	水分40%以下、セミハードタイプよりさらにかたく、保存性が高いチーズ。熟成期間が長いものはいっそう濃厚でコクがある。

ヨーロッパ各国の名物チーズは？

古くからチーズづくりが盛んなヨーロッパは、まさに**チーズの宝庫**である。各国のさまざまな風土の中で独特のチーズが発達し、その国を代表する名物チーズが生み出されてきた。

なかでも**フランス**は、**「一村一チーズ」**という言葉があるほど、地域ごとに多様なチーズが存在する国。変化に富んだ自然環境で、ロックフォール、カマンベール、エポワスなど、タイプの異なるチーズが多くつくられている。

チーズ製造の基礎がつくられた**イタリア**も、南北の気候の違いなどから、多彩なチーズが見られる。チーズを

カットしてそのまま食べることが多いフランスと違い、**料理で消費される割合が大きい**のも特徴だ。

イタリア、フランスに隣接する**スイス**では、酪農の発展とともにチーズづくりが発達。代表的なエメンタールやグリュイエールは、スイス料理の**チーズフォンデュ**に欠かせない。

ヨーロッパでは、このような伝統的なチーズの製法や品質を守るため、**AOP**（EU統一の原産地呼称保護）制度※、またはこれに近い独自の制度を設けており、対象製品には認定マークが付けられている。

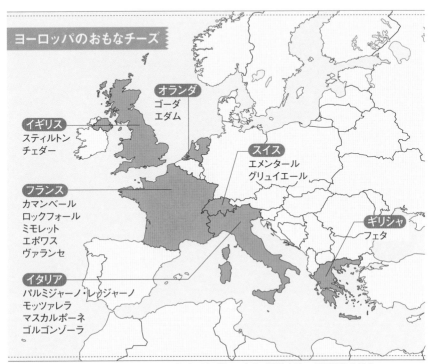

ヨーロッパのおもなチーズ

オランダ
ゴーダ
エダム

イギリス
スティルトン
チェダー

スイス
エメンタール
グリュイエール

フランス
カマンベール
ロックフォール
ミモレット
エポワス
ヴァランセ

ギリシャ
フェタ

イタリア
パルミジャーノ・レッジャーノ
モッツァレラ
マスカルポーネ
ゴルゴンゾーラ

※原産地呼称保護制度：ある製品をその原産地に結び付け、生産・製造方法の規則を課す制度。

チーズの種類

フレッシュ
タイプ

カッテージチーズ

生乳から乳脂肪を除去した脱脂乳を原料につくられるチーズ。さっぱりとしてクセがなく、**低脂肪で低カロリー**。やわらかくボロボロとしている。サラダやパスタにかけるほか、スイーツにも使われる。

クリームチーズ

なめらかな口当たりでやわらかく、**きめが細かい白いチーズ**。**さわやかな酸味とコクのある豊かな味わい**が特徴で、チーズケーキづくりには欠かせない。漬物や醤油とも相性がよく、酒のつまみにもなる。

モッツァレラ

モッツァレラはイタリア語で「引きちぎる」という意味で、製造における引きちぎる工程が語源。**牛乳や水牛乳が原料で、さっぱりとして軽い。**そのまま食べればミルクがしみ出て、加熱すると糸を引く。カプレーゼやピザに。

リコッタ

ホエイ（乳清）を再加熱してつくる、南イタリア原産のチーズ。モソモソとした舌触り、**上品なミルクの甘みと、ふんわりとした口どけ**が特徴。日本では、チーズではなく「乳又は乳製品を主原料とする食品」に分類される。

マスカルポーネ

泡立てた生クリームに似ていて**非常になめらか**。酸味や塩味は少なく、**ほのかに甘い**。イタリアのデザート、**ティラミスの材料**として知られ、ハチミツやチョコレート、コーヒーなどとも相性がよい。

フェタ

ギリシャの代表的なチーズ。羊乳やヤギ乳からつくられ、塩味が強く、羊乳ならコク、ヤギ乳との混乳ならさわやかな酸味も加わる。**白くてねっとりしている**。ギリシャでは最も歴史が古く、生産量が多い。

セミハードタイプ

チェダー

世界で最も多く生産され、**イギリスを代表するチーズ**。オレンジ色から薄黄色まである。**クセがなくマイルドな味**で、スライスしてサンドイッチやハンバーガーに使われる。長期熟成でコクが増す。

ゴーダ

オランダを代表するチーズ。プロセスチーズの原料として多用され、ピザにも最適。熟成が若いとクリーミーでさっぱりしているが、長期熟成すると、芳醇(ほうじゅん)な香りとアミノ酸由来のうま味が増す。

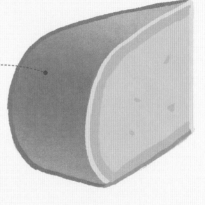

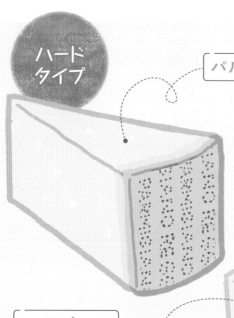

**ハード
タイプ**

パルミジャーノ・レッジャーノ

北イタリアの特定地域で生産される。イタリアの原産地呼称保護制度（DOP）（→P147）の認定を受けたものだけが刻印を押され、「パルミジャーノ・レッジャーノ」を名乗れる。表面はあめ色になり、**濃厚でうま味が凝縮**。

エメンタール

スイス・ベルン州のエメンタール地方生まれ。発酵時の気泡によって「チーズの目（チーズアイ）」と呼ばれる穴が空く。塩分は控えめで、**マイルドな味わい。チーズフォ**ンデュの材料としても知られる。

エダム

ゴーダと並び、**オランダを代表するチーズ**。輸出用のものは赤いワックスがコーティングされ、「赤玉チーズ」とも呼ばれる。中身は薄黄色、味わいはマイルドで、後味に酸味が感じられる。

マンチェゴ

スペインのラ・マンチャ地方で飼育された**羊乳**を原料とする。側面のギザギザ模様が特徴。熟成が9か月を超えると、羊乳の**うま味とコク**のほか、ほんのりとナッツのような香りもしてくる。

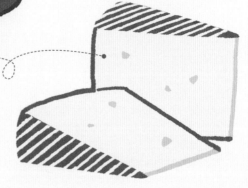

白カビ
タイプ

カマンベール

フランス・ノルマンディー地方生まれ。表皮は白カビに覆われ、**中はクリーミー**。香り、塩味、コクが強く、**熟成が進むとコクが増す**。一方「**ロングライフタイプ**」のものは、組織や風味の変化を抑えているため、日が経っても熟成度は変わらない。

ヌーシャテル

フランス・ノルマンディー地方の最古のチーズ。本来は塩味が強く、シャープな味わいだったが、**近年は塩味がまろやか**になり食べやすくなった。日本ではハート形で知られるが、フランスでは円筒形や六角形などさまざまな形がある。

ブリ・ド・モー

フランス・ブリ地方を代表するチーズ。直径36〜37cm、重さ2.5〜3kgの円盤形で、白カビチーズのなかでも極めて大きい。**上品な香りとクリーミーで深いコク**は世界的に人気が高い。中身が流れ出るほど熟成したものを好む人が多い。

Mini column 発酵+α

フランスを代表する白カビチーズ「ブリ三兄弟」

フランス・ブリ地方で古くからつくられる白カビチーズ、「ブリ・ド・モー」「ブリ・ド・ムラン」「クロミエ」は、親しみを込めて「ブリ三兄弟」と呼ばれている。長男のブリ・ド・モーは大型で華やかな味わい、次男のブリ・ド・ムランは野性的、三男のクロミエは上品。食べ比べてみよう。

ゴルゴンゾーラ

イタリアで生産される、**世界三大ブルー
チーズ**のひとつ。カビの量の違いにより、
甘口の「ドルチェ」と**辛口**の「ピカンテ」
がある。「ドルチェ」は青カビが少なく、
クリーミーでマイルド。本来の味である「ピ
カンテ」は辛みがシャープ。

スティルトン

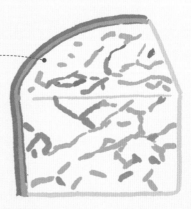

ねっとりとした**濃厚なコク**に**シャープさとほろ苦さ**
が混じった味わいで、ハチミツのような**甘い余韻**が
残る。世界三大ブルーチーズのひとつで、イギリス
の故・エリザベス女王の大好物だった。

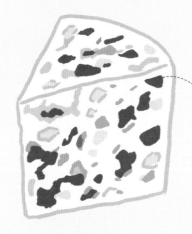

ロックフォール

2000年以上の歴史がある、フランスの**羊乳
チーズ**。カビの菌糸(きんし)が伸びやすいように穴を
空けて熟成させる。ピリッとした強い塩味に、
羊乳のクリーミーさと甘みが楽しめる。世界
三大ブルーチーズのひとつ。

ダナブルー

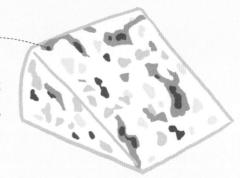

青カビの**シャープな味わい**に、**塩味も少し強
め**で、ブルーチーズらしい味が好きな人にお
すすめ。**デンマーク産**で、「デンマークのブ
ルーチーズ」を意味する「ダニッシュ・ブルー」
を略して名付けられた。

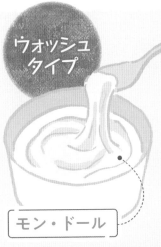

ウォッシュ タイプ

モン・ドール

フランスとスイスの国境にある**モン・ドールという山が名前の由来**。製造は秋から春までの期間限定。**中身はトロトロでやわらかいため木箱に入っている**。表皮をはがしてスプーンですくって食べる。

エポワス

フランス・ブルゴーニュ地方の地酒「マール」と塩水で表面を洗いながら熟成させる。次第に酒の風味が増し、表面はオレンジがかった茶褐色に。中は**ねっとりとして濃厚なコク**があり、香りは刺激的で豊か。

シェーヴル タイプ

サント・モール・ド・トゥーレーヌ

フランスのヤギ乳チーズ。細長い筒形で、補強および空気を送るため中央に麦藁を1本通している。**表面には木炭粉と塩をまぶしている**。最初は酸味が強いが、熟成が進むと生地が締まり、味は**深みが増してミルクのコクが出る**。

ヴァランセ

ユニークなピラミッド形。ヤギ乳チーズ特有の酸味を和らげるため、黒い木炭粉をまぶす。熟成が若いうちはさわやかな酸味があるが、徐々に酸味が減り、**濃厚なうま味**に。水分が抜けて表面はかたくなる。

ヨーグルト
YOGURT

Yogurt

口当たりのよいさわやかな風味とともに、タンパク質やカルシウムなどを手軽に摂取できるヨーグルト。家畜の乳を乳酸菌や酵母で発酵させた**発酵乳製品**の一種で、フレッシュチーズの原形でもある。

ヨーグルトをつくる**乳酸菌**には、サーモフィラス菌、ブルガリア菌、アシドフィルス菌などさまざまなものがあり、これらの菌の組み合わせや発酵温度の違いによって味に変化が生まれる。

市販のヨーグルトは、製法や形状によってプレーンヨーグルトやドリンクヨーグルトなど、おもに5種類。健康意識の高まりから、日本におけるヨーグルトの**市場規模は拡大基調**にある。

ヨーグルトの 歴史

長寿食として注目され、普及

ヨーグルトは、紀元前5000年頃の中央アジアの草原地帯で、家畜の乳を入れた容器に乳酸菌がたまたま入り込み発酵したのが始まりといわれている。

それを健康によい食品として世界中に広めたのは、ノーベル生理学・医学賞を受賞したロシアの微生物学者、**イリヤ・メチニコフ**である。1900年代前半、メチニコフは旅行で訪れたブルガリアに長寿の人が多いことを発見。そして、彼らが日常的に食べていたヨーグルトに含まれる乳酸菌が長寿の秘訣であるとする**「ヨーグルト不老長寿説」**を発表した。これをきっかけに

ヨーグルトは世界中で注目され、急速に普及していった。

日本では1950年頃から本格的な工業生産が始まり、デザートタイプや飲料タイプなどさまざまな種類の製品がつくられるようになった。

「ヨーグルト不老長寿説」を唱えたロシアの微生物学者、イリヤ・メチニコフ（1845〜1916年）

ヨーグルトの種類

プレーンヨーグルト

原料乳を乳酸発酵させ、**砂糖などを加えていないシンプルなヨーグルト**。多くの場合、容器に入れてから発酵させる**後発酵法**でつくられる。そのまま食べるほか、料理の味付けにも用いられる。

ハードヨーグルト

発酵させた原料乳を寒天やゼラチンなどで固めた**プリン状のヨーグルト**。**甘味料や香料を加え**、食べやすいように1食分ずつ容器に入ったものが多く、日本ではかつてこのタイプが主流だった。

ソフトヨーグルト

プレーンヨーグルトを攪拌してなめらかにしたもの。多くの場合、攪拌する段階でフルーツの果肉や果汁、甘味料などが加えられる。製造方法は、容器に入れる前に発酵させる**前発酵法**が一般的。

ドリンクヨーグルト

いわゆる「**飲むヨーグルト**」と呼ばれるタイプ。ヨーグルトを液状になるまで攪拌し、**甘味料や果汁を加えて**飲みやすくする。近年は特定の乳酸菌を添加して健康機能をうたった商品も増加。

フローズンヨーグルト

ヨーグルトを凍らせ**アイスクリーム状**に固めたもので、おもに**デザート**として親しまれている。乳酸菌は凍らせると休眠状態になるが、死滅したわけではなく、温度が上がると活動を再開する。

各国のヨーグルト

アイラン（トルコ）

プレーンヨーグルトと同量の**塩水**（濃度1%程度）を
シェイクしてつくる、**トルコの国民的乳飲料**。ヨーグ
ルトを攪拌して分離したバターミルクに塩を混ぜたも
のも、同じ名称で愛飲されている。

ダヒ（インドとその周辺）

インドやネパールなどで食べられており、日本で
も人気の「ラッシー」の材料となる。**牛や水牛の
乳**を壺に入れ、前日につくったダヒを加えて乳酸
発酵させる。保存はせず、毎日つくるのが主流。

アイラグ（モンゴル）

馬の出産シーズンである夏〜秋につくられる**モン
ゴル伝統の馬乳酒**。馬の乳に酒母を加えて繰り返
し攪拌すると、乳に含まれる乳糖の働きによって
発酵が進み、1〜2日で酒が出来上がる。

キセロ・ムリャコ（ブルガリア）

ブルガリア語で「**酸っぱい乳**」を意味するヨーグ
ルトの総称。ヤギや牛の乳に種菌となるヨーグル
トを少量加えて発酵させる。トルコのアイランの
ように、水で割り塩を入れて飲む習慣もある。

ケフィア（東欧、ロシア）

原料乳に「**ケフィアグレイン（ケフィア粒）**」と
いう細菌を加えて攪拌、発酵させてつくる。ケフィ
アグレインにはアルコール発酵性の酵母が含ま
れ、発酵後はアルコール度数が1%前後になる。

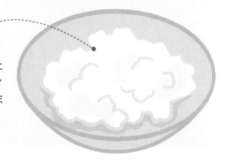

ヨーグルトの製造工程

「前発酵法」と「後発酵法」の違い

ヨーグルトの製造方法には、発酵のタイミングが異なる「前発酵法」と「後発酵法」の2つがあり、ヨーグルトの種類によって使い分けられている。**前発酵法は容器に充填する前に発酵させる方法**で、発酵後の凝固乳を撹拌・破砕することによって形状を変えやすいため、ソフトヨーグルトやドリンクヨーグルトの製造に向いている。一方の**後発酵法は容器に充填した後に発酵させる方法**で、プレーンヨーグルトやハードヨーグルトの製法として一般的だ。

プレーンヨーグルトの場合、まず原料乳を加熱殺菌し、40〜45℃に冷ましたところへ乳酸菌の種菌（スターター）を添加する。それを容器に充填し、温度を一定に保った発酵室に入れる。使用する乳酸菌の種類によって条件は異なるが、通常**40℃前後の温度で4〜6時間発酵**させる。酸度が0.7%程度になったら、10℃前後に冷却して発酵を止め、製品の完成。冷却中もわずかに発酵が進むため、出来上がりの酸度は0.9〜1.0%になる。

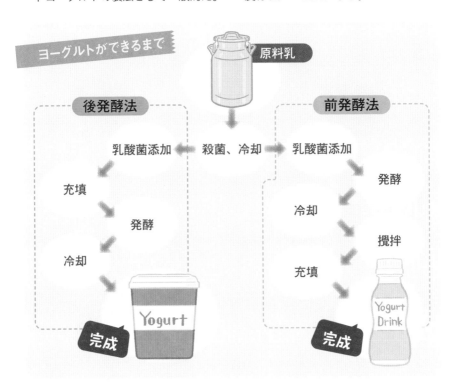

ヨーグルトができるまで

原料乳

後発酵法

乳酸菌添加 ◄ 殺菌、冷却 ► 乳酸菌添加

前発酵法

充填

発酵

冷却

発酵

冷却

撹拌

充填

Yogurt

完成

Yogurt Drink

完成

ヨーグルトと乳酸菌

代表的な2つの乳酸菌

ヨーグルトづくりに欠かせない乳酸菌は、動物の乳に含まれる**糖類を分解して乳酸を生み出す細菌の総称**。もともと自然界に存在し、乳糖（ラクトース）などの糖類を栄養源にして繁殖し、その過程で生成される乳酸や酢酸によって乳中のタンパク質が固まり、ヨーグルトが出来上がる。

乳酸菌にはさまざまな種類があり、現在わかっているだけで数百種類に及ぶといわれる。そのうち、ヨーグルトの種菌に使われる代表的な乳酸菌が、**サーモフィラス菌**と**ブルガリア菌**だ。

サーモフィラス菌は丸い形をした球菌で、生育が早く、繁殖の過程でブルガリア菌の生育に必要な蟻酸という物質をつくり出す。一方、ブルガリア菌は細長い桿菌で、繁殖の過程でサーモフィラス菌の生育に必要なアミノ酸やペプチドをつくり出す。こうして2つの菌が互いに助け合って生育することで、**乳酸発酵が効率的に進む**。

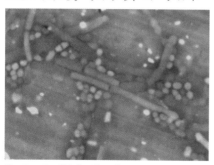

サーモフィラス菌とブルガリア菌

強力タッグで乳酸発酵が進む！

ブルガリア菌 / サーモフィラス菌

保健機能を高める乳酸菌も

ヨーグルトの国際規格では、サーモフィラス菌とブルガリア菌を種菌に使うことが定められているが、近年はその2種類に限らず、保健機能を高める目的でさまざまな乳酸菌を加えた商品がつくられている。たとえば、**アシドフィルス菌**の一種は整腸作用や免疫力の向上に効果があるとされ、**ガセリ菌**の一種は内臓脂肪やコレステロールを減らすといわれている。

また、ヨーグルトといえば**ビフィズス菌**を思い浮かべる人も多いだろう。ビフィズス菌は人間の腸内にすみついて乳酸や酢酸をつくり出し、悪玉菌の繁殖を抑えて腸の働きをよくする。腸内のビフィズス菌を増やすためには、その活動源となるオリゴ糖などの摂取が有効とされている。

ヨーグルトの**効果**

ヨーグルトの栄養成分は？

ヨーグルトには、良質な**タンパク質**や**カルシウム**、ビタミンB₂に加え、造血作用の高いビタミンB群の複合体である**葉酸**も豊富に含まれる。しかも、牛乳のタンパク質は発酵の過程でアミノ酸に分解されて**消化吸収がよくなる**ため、牛乳よりも効率的に摂取することができる。同様に、カルシウムは乳酸と結び付いて乳酸カルシウムとなり、腸から吸収されやすくなる。

牛乳に含まれる乳糖は通常、腸内の**乳糖分解酵素「ラクターゼ」**によって分解される。しかし、腸内のラクターゼが少ないと、おなかがゆるくなる場合がある。このような症状を**乳糖不耐症**といい、欧米人に比べて日本人はその割合が多いといわれている。ヨーグルトの乳酸菌は、ラクターゼをつくり出して乳糖を分解するので、乳糖不耐症の人でも安心して食べられる。

腸内環境の改善に効果的

ヨーグルトの酸味は、胃液の分泌を促進して**食欲を増進**させ、腸のぜん動運動を促して**消化を助ける**。さらに、ヨーグルトを習慣的に食べると、腸内でビフィズス菌などの善玉菌が優位になり、悪玉菌が繁殖しにくくなる。**腸内の細菌バランスを良好に保つこと**で下痢や便秘を予防するほか、血圧やコレステロールの低下、免疫の活性化、睡眠の質向上などの効果も期待できる。

現在では、ヨーグルトおよび乳酸菌の効果・効能が認められ、**特定保健用食品マーク**を表示した商品や、科学的根拠にもとづいて健康の維持・増進が期待できることを示した**機能性表示食品**も数多く見られる。

タンパク質　葉酸　カルシウム　ビタミンB₂　食欲増進　消化促進　腸内環境改善　免疫活性化

さまざまな発酵乳製品

乳を発酵させた発酵乳製品には、ヨーグルトのように乳全体を発酵させたもののほかに、**チーズ**や**サワークリーム**、**発酵バター**など、**乳の特定成分だけを取り出して発酵**させたものがある。

特定の成分とは、乳脂肪分、タンパク質、糖分などで、そのうち「乳から乳脂肪分以外の成分を除去し、**乳脂肪分を18.0%以上にしたもの**」が**クリーム**と定められている。

そのクリームを乳酸菌によって発酵させるとサワークリームになり、乳脂肪分の割合が高いクリーム（生クリーム）を乳酸菌で発酵させると発酵バターになる。

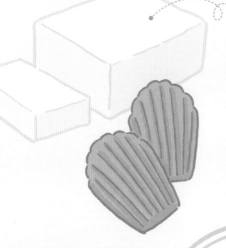

発酵バター

牛乳から分離したクリームを加熱殺菌し、冷却後に乳酸菌を加えて、25℃程度で16時間ほど発酵させたもの。ほかに、出来上がったバターに乳酸菌を添加する方法もある。日本で主流の非発酵バターに比べて**香りや風味がよく**、使用する乳酸菌の種類によって**味や風味に個性が出る**。料理や焼き菓子などに使うとコクのある仕上がりに。

サワークリーム

クリームを乳酸菌によって発酵させたもので、生きた乳酸菌が入っているものと、乳酸菌を殺菌したものがある。**さわやかな酸味と軽やかな口当たり**が特徴で、料理に加えるとコクが増す。クリームよりも日持ちがするうえ、適度なかたさがあって使い勝手もよい。サラダのドレッシングや煮込み料理、お菓子の材料などに。

パン

BREAD

世界中で日常的に食べられているパンは、**最も身近な発酵食品のひとつ**。穀物の粉に酵母（イースト）や水などを加えてこね、できた生地を発酵させて焼いたものだ。パンは人類の歴史において古くから存在し、ヨーロッパを中心に世界各地で特色あるパンがつくられている。**パンの種類は5000を超える**という。

米を主食とする日本でも、食生活の欧米化にともない、**パンの消費が拡大**してきた。総務省の家計調査の結果によると、2011年に初めて、日本の一般家庭におけるパンの消費額が米を上回った。さらに近年は、高級食パンブームや、コロナ禍による"巣ごもり消費"

バラエティ豊富なのがパンの魅力

拡大の影響もあり、**パンの人気はますます高まっている**。

パンの種類別生産量を見ると、菓子パンや、調理パンを含むその他のパンは微増傾向だが、学校給食用のパンは1970年をピークに減少し続けている。

パンの種類別生産量の動向

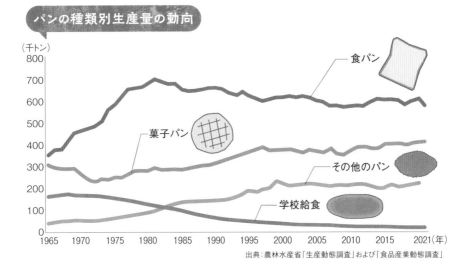

出典:農林水産省「生産動態調査」および「食品産業動態調査」

パンの歴史

発酵パンの誕生は紀元前4000年頃

人類は農耕・農業を始めるより前に、自生する穀物からパンのようなものを焼いていたとされる。小麦栽培が始まったのは、およそ1万年前のメソポタミア地域。当時の遺跡からは最古の小麦とライ麦が発見されている。その頃は製粉技術が発達しておらず、麦を粒のまま炒ったり、石で挽いて粉状にしたりしたものに、水を加えて煮て粥状にして食べていた。その後、**無発酵の平焼きパン**がつくられるようになる。

酵母で生地を発酵させてから焼く**発酵パンは、紀元前4000年頃の古代エジプトで誕生**したといわれている。パン生地を放置していたところ、野生の

酵母が付着して発酵が進んだのがきっかけだと考えられている。

パンづくりの技術は、古代エジプトから古代ギリシャへと渡り、紀元前3世紀頃には古代ローマにも伝わった。そこで確立したパンづくりの技術は、今につながっている。

開国を機に盛んになった日本のパンづくり

日本に発酵パンが持ち込まれたのは1543年のこと。種子島に漂着したポルトガルの貿易船による。鎖国政策の影響で当初はあまり普及しなかったが、江戸時代末に、**保存性や携帯性に優れる兵糧**として注目されるように。その後、開国とともに、横浜や神戸などの港町を中心にパンづくりが盛んになっていった。

明治時代に入り、1869年、現存する日本最古のパン屋・**木村屋總本店**が開業する。創業者の木村安兵衛らが、**「酒種」**と

呼ばれる酵母を使った**「あんぱん」**をつくり、大ヒット商品となった。

第二次世界大戦後は、アメリカ産小麦を使ったパンが学校給食に導入され、日本にパン食が急速に普及した。現在では、米とともに多く食べられている。

パンの種類

世界には5000種類を超えるパンが存在するといわれている。ヨーロッパを中心に、世界各国の個性的なパンを見ていこう。

 イギリスのパン

イングリッシュ・ブレッド

山型のパン。ティンという焼き型を用いるため「**ティンブレッド**」とも呼ばれる。蓋をしないで焼くため、上部が山のようにふくらむ。バターや砂糖をあまり使わないので日本の食パンよりややあっさり。

イングリッシュ・マフィン

表面に黄色いトウモロコシ粉がまぶされている。水分の多い生地を短時間発酵し、独特の円柱形の型を使って焼く。食べるときは上下に2つに割って、バターなどを塗ったり、具を挟んだりする。

スコーン

ベーキングパウダーでふくらませた、**スコットランド発祥のビスケット。アフタヌーンティーには**欠かせない。横の割れ目から上下に割って、濃厚なクロテッドクリームとジャムを塗って食べる。

ホット・クロス・バン

ドライフルーツやスパイスなどが入った、やさしい甘さの**ふんわりとした菓子パン。**上部に十字の飾りをアイシングなどで付けるのが特徴。イギリスでは伝統的に**イースター**の時期に食べるとされている。

163

ドイツのパン

ヴァイスブロート

「白い大型パン」という意味を持つ。少量の
ライ麦粉を加えることもあるが、**小麦粉を主
体**にしてつくる。皮はかためだが、中はやわ
らかく白いのが特徴。

ロッゲンブロート

「ロッゲン」はライ麦のことで、**ラ
イ麦だけを使用した**パン。ライ麦
の割合が多くなるほど**しっとりと
重く、独特の酸味がある**。薄くス
ライスして食べる。

ミッシュブロート

「ミッシュ」は混ぜるという意味。**小麦粉と
ライ麦粉を同量ずつ配合する**ため、小麦粉
パンと比べて**ずっしりとしていて、酸味が
ある**。ドイツのパン消費の約3割を占める。

プレッツェル

ラテン語で「腕」の意味で、**ひもを結び合
わせた形状**が特徴。**ラウゲン液**（苛性ソー
ダを水に溶かしたアルカリ溶液）に浸して
焼くことで、表面は光沢ある赤褐色に。

シュトーレン

ラム酒に漬けた**ドライフルーツやナッツ**
などを入れ、表面にたっぷりと粉砂糖を
まぶす。11月下旬頃から**クリスマスを
待ちつつ、少しずつスライスして食べる**。

フランスのパン

バゲット

小麦粉、塩、水、酵母だけでつくられる
棒状のパン。日本では「フランスパン」
と呼ばれる、ハードタイプの代表格。表
面はパリパリとしてこんがりと香ばしい。

クロワッサン

「三日月」の意味。生地にバターやマーガリ
ンを何層も折り込んで焼く。フランスでは、
バター使用のものはイラストのようなひし形、
マーガリン使用のものは三日月形をしている。

パン・ド・カンパーニュ

「田舎のパン」という意味の、小麦粉にライ麦粉や全
粒粉を混ぜた素朴なパン。本来は穀物などからつくっ
た発酵種を使うが、近年はイーストを使うことも多い。

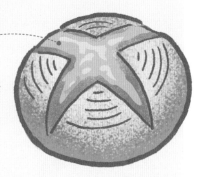

エピ

「（麦の）穂」を意味する。細長いバゲット生
地に、はさみで切れ目を入れて生地を左右交
互に倒して穂の形にする。火の通りがよく、
かために焼き上がる。

ブリオッシュ・ア・テット

バターと卵がたっぷりで、中は黄色くやわ
らか。形状が多数あるブリオッシュの中で
も、上部に頭をちょっと出した形の「ブリ
オッシュ・ア・テット」が代表格。

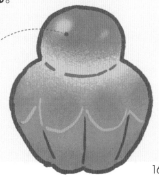

イタリアのパン

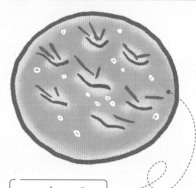

チャバタ

平たく四角い形で、「スリッパ」が語源。**表面はカリカリ、中はモチモチした食感で、大きな気泡がたくさんある。シンプルな味**はオリーブオイルとマッチする。

フォカッチャ

古代ローマ時代からつくられてきたと伝えられ、**ピザの原型**ともいわれている。くぼみを付けて焼き、**ローズマリーやオリーブなどをトッピング**することもある。

グリッシーニ

ピエモンテ州トリノ生まれの、**細長いスティック状の食事パン**。塩味のクラッカーのような**ポリポリとした食感**。生ハムを巻いて前菜にしたり、パスタの付け合わせに。

パネトーネ

ミラノ発祥のクリスマスの菓子パン。砂糖、卵、バター、ドライフルーツなどを入れる。本来は、発酵させるのにイタリア北部に伝わる**「パネトーネ種」**という天然酵母を使う。

ロゼッタ

イタリア語で「バラ」を意味する名前のとおり、花の形をしている。原料は小麦粉、パン酵母、食塩、水のみ。内側には大きな空洞ができやすく、**軽い食感**が特徴。

ヨーロッパのその他のパン

 カイザー・ゼンメル

オーストリアの丸い小型パン。表面に5本のカーブ（星形）の切れ目が入り、ゴマやケシの実がまぶされるものもある。焼きたては**外側がクリスピーで軽い食感。**

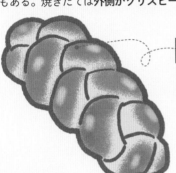 ツォップ

「**編んだ髪**」という名のスイスのパン。棒状の生地を編み込んで成形する。バターや卵がやや多く、砂糖が入る場合もあるが、基本は**甘さを抑えたシンプルな味。**

 トレコンブロート

小麦粉、小麦全粒粉、ライ麦粉の**3種類の穀物とゴマ**を混ぜて焼く、**デンマークのパン。**表面にもゴマがたっぷり使われ、**ツブツブした食感で香ばしい味わい。**

 クネドリーキ

世界的にもめずらしい**ゆでたパン**は、**チェコでは伝統的**な食事パン。焼かないので、カリッとした表面や焦げ目がなく、**やわらかくモチモチとした食感**だ。

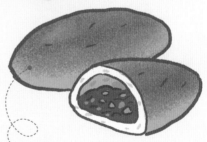 ピロシキ

ロシアのほか、東欧、ウクライナ、ベラルーシなどで食べられる惣菜パン。**生地に肉や野菜などの具材を包み、**揚げたり焼いたりする。日本では揚げたものが一般的。

167

アメリカ大陸のパン

 ベーグル

焼く前に生地をゆでることで、独特の**もっちりした食感**になる。基本的にバター、牛乳、卵などは使わない。ユダヤ系移民によってアメリカで普及した。

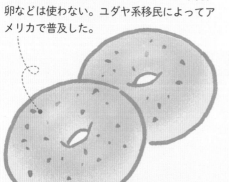

 マフィン

ベーキングパウダーでふくらませる、カップ型で焼いた**甘い菓子**。プレーン以外に、チョコやナッツ、フルーツなど、**バリエーション多数**。日本でも人気だ。

 サンフランシスコ・サワーブレッド

見た目はバゲットに似ているが、**サンフランシスコ発祥のサワー種**を使うため、食べると**酸味が口中に広がる**。外はかたく、中もしっかりとした歯ごたえ。

 トルティーヤ

小麦粉やトウモロコシの粉を使った生地を薄く焼いた、**メキシコの伝統的なパン**。本場では「マサ」というトウモロコシ粉でつくり、具材を巻いて**タコス**にして食べる。

ポン・デ・ケージョ

ブラジルでは定番のパン。ほんのりと**チーズの香り**がして、大きさはピンポン玉ほど。**キャッサバ**（イモの一種）の粉でつくるため、**モチモチした食感**になる。

日本、その他の国のパン

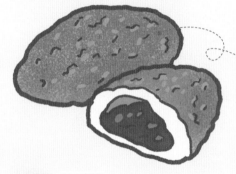

 あんパン

明治時代、木村屋総本店が、酒種を加えて発酵させた生地に小豆あんを入れてつくったのが始まり。日本発祥の菓子パンの代表格。粒あんとこしあんがある。

● カレーパン

カレーをパン生地で包み、パン粉を付けて揚げる。近年は焼くタイプも多い。起源は諸説あるが、東京の名花堂（現・カトレア）が発売した洋食パンが元祖とも。

★ 饅頭 (マントウ)

「老麺(ロウメン)」という発酵種を使った生地を蒸した、中国のパン。日本の「中華まん」のように中に具が入ったものは「包子(パオズ)」と呼ばれ、区別される。日本のまんじゅうのルーツ。

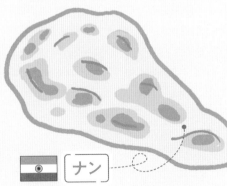

☪ ピデ

「トルコのピザ」と呼ばれ、もっちりしている。具がないシンプルな円形と、具がのった細長い船形の2種類がある。歴史が古く、ピザの原型といわれることもある。

● ナン

インドをはじめ、中央アジアで広く食べられる。薄く伸ばしてタンドールという窯の内側に貼り付けて焼いた後、表面に油を塗る。焼きたてがおすすめ。

パンの原料とパン酵母

パンの骨格をつくるのは「グルテン」

パンのおもな原料は、小麦粉、酵母、塩、水の4つ。特に、おいしいパンの決め手となるのは**小麦粉と酵母**だ。

パンの主成分となる小麦粉には、グルテニンとグリアジンと呼ばれるタンパク質が含まれている。小麦粉に水を加えてよくこねることで、これらのタンパク質は「**グルテン**」と呼ばれる網目状の組織を形成する。グルテンはパンの骨格になり、パンをふくらませるのに欠かせない。

小麦粉は、タンパク質の含有量によって強力粉・中力粉・薄力紛に分けられる。パンづくりには、タンパク質量が11.5〜13％程度の**強力粉**を使う。

小麦粉のほかに、ライ麦粉、大麦粉、大麦を発芽させて粉砕した麦芽粉、トウモロコシ粉、米粉なども使われる。

小麦粉　酵母　塩　水

さまざまなパン酵母

パン酵母は、小麦粉などに含まれる糖分を分解して、炭酸ガスやアルコール、有機酸などをつくり出す。この炭酸ガスをグルテンが覆うことによって、パンはふくらむ。

パン酵母は、純粋培養され工業生産された酵母（**イースト**）と、自家採捕した**天然酵母**に分けられる。イーストには、粘土状の**生イースト**、生イーストを乾燥させた**ドライイースト**、予備発酵が必要ない**インスタントドライイースト**などの種類がある。生イーストは菓子パンなどの生地に使われる。ドライイーストからは香り高いパンが

つくられ、インスタントドライイーストを使うと香りや風味が軽い仕上がりになる。

また天然酵母は、野菜や果物、穀物などに付着している酵母を培養したもので、乳酸菌などの細菌も生育し、複雑な味・香りのパンになる。

ドライイースト　天然酵母

パンの製法

シンプルな直捏法（ストレート法）

生地を発酵させて焼く発酵パンの製法は、大きく2つに分けられる。**「直捏法」**は、**すべての材料を一度に混ぜ合わせてこねる**製法。生地の仕込みが1回で済み、作業内容が簡単で発酵時間も比較的短い。ただし、生地の修正が難しく、生地のよしあしがそのままパンに出る。発酵・熟成時間が短いため、デンプンの老化が早く、日持ちしない。大量生産より**小規模製造**に向く。

直捏法（ストレート法）

材料	小麦粉、酵母、水、塩など

↓

生地こね　→　こねることでグルテンが形成される

↓

一次発酵

↓

分割・丸め

↓

ベンチタイム　→　生地を休ませる

↓

成形　→　パン生地が2倍程度にふくらむ

↓

二次発酵

↓

焼成　**完成**

↓

冷却　→

2回こねる中種法

材料の一部の粉を酵母や乳酸菌で発酵させたものを**「発酵種」**といい、それを残りの材料と混ぜて生地を仕上げる製法を**「発酵種法」**という。直捏法より手間と時間がかかるが、**生地の伸びがよくなり品質が安定**する。また、**発酵種の個性を生かしたパン**ができる。

発酵種法のうち、**「中種法」**は、50％以上の小麦粉と水や塩などを混ぜ合わせて軽くこねてから、3〜4時間発酵させ、「中種」と呼ばれる発酵種をつくる。その後、残りの材料を加えて生地をつくる製法。**ボリュームがあり、ソフトな食感**に仕上がり、日持ちもする。出来上がりの品質が安定しやすいため、工業的生産に向く。

その他の発酵種法

ヨーロッパで**ライ麦パン**に用いられる**「サワー種法」**は、**天然酵母を利用**する。まずライ麦粉などと水を同量ずつ混ぜ、約1日熟成させる（種起こし）。これに粉や水を加え、一定の温度で発酵させ、できた**「初種」**に、残りの材料を加えて本生地をつくる。乳酸が多いため、**酸味と独特の風味**がある。

お 茶
TEA

お茶は、発酵の有無によって**「不発酵茶」「半発酵茶」「発酵茶」**の大きく3種類に分けられる。不発酵茶とは、文字通り発酵をともなわないお茶のことで、日本の**緑茶**がこれにあたる。茶葉の摘み取り後すぐに蒸す、炒るなどの方法で加熱するため、酵素の働きが失われて発酵が進まず、結果的に茶葉のフレッシュな風味や色が保たれる。

半発酵茶とは、茶葉の発酵がある程度進んだところで加熱処理をし、酵素の働きを止めたもの。代表例の**ウーロン茶**の場合、茶葉の色が変わり、独特の味と香りが生まれるまで発酵させた後、釜炒りして酵素の作用を失わせる。

そして、製造過程で発酵をともない、最後まで加熱処理をしないものを発酵茶という。発酵茶は、酵素による酸化発酵だけでつくられる**「酵素発酵茶」**と、微生物の力で発酵させる**「微生物発酵茶」**の2種類に分けられる。

酵素発酵茶の代表格は、世界で最も多く消費されている**紅茶**。加熱処理をしないため、製品になった後も酵素作用が持続し、熟成していく。一方の微生物発酵茶は、カビや乳酸菌などが関与してつくられるお茶で、代表的なものに中国の**プーアール茶**がある。

お茶の分類

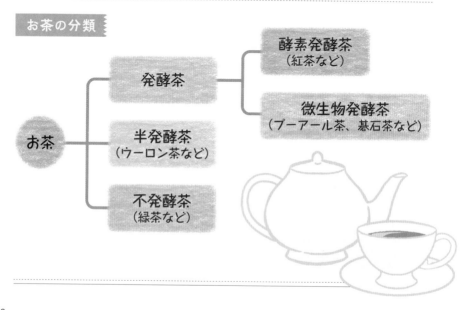

さまざまな発酵茶

碁石茶
ごいしちゃ

高知県大豊町に古くから伝わる微生物発酵茶。まず、むしろの上でカビ付けをし、次に桶で漬け込んで**乳酸発酵**させ、裁断後さらに桶の中で熟成させる3段階の発酵を経て、**さわやかな酸味と独特の香り**のあるお茶になる。

阿波番茶
あわばんちゃ

徳島県の那賀町や上勝町などでつくられている、乳酸菌による微生物発酵茶。ゆでた茶葉を大きな桶で3週間ほど漬け込んで**乳酸発酵**させた後、天日干しにして仕上げる。一般的な番茶とは異なる、**甘酸っぱい味と香り**が特徴。

富山黒茶
とやまくろちゃ

蒸した茶葉を室に入れ、自然界の菌による発酵が十分に行われるよう、4日ごとに切り返しをしながら、約40日かけて発酵させる。阿波番茶より**酸味が薄く飲みやすい**。茶せんなどで泡立てて飲む様子から、北陸地方では「**バタバタ茶**」とも呼ばれる。

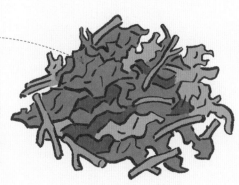

プーアール茶

中国雲南省が原産で、隣国のラオスやミャンマーなどでもよく飲まれている。緑茶を圧搾してレンガのようにかたくし、それを貯蔵している間にアスペルギルス属やクモノスカビ属の**カビ**が繁殖し、**まろやかな味わい**の発酵茶となる。

173

ワイン
WINE

　ワインは、**ブドウの果汁をアルコール発酵させた醸造酒**（→P180）の一種で、人類が親しんだ「最も古い酒」とされる。原料となるブドウの果皮には、果実の糖をアルコールに変える働きのある酵母が付着しており、古典的な製法では、ブドウの実をつぶして放置すると自然にアルコール発酵が起こり、ワインになった。

　ワインは赤・白・ロゼなど色で識別されることが多いが、一般的には製法の違いによって**「スティル・ワイン」「スパークリング・ワイン」「フォーティファイド・ワイン」「フレーバード・ワイン」**の4つに分類される（→P177）。

　日本の1人あたりの年間ワイン消費量は、1989年から2019年までの30年間で、0.91Lから2.87Lへと約3倍に増加した。1989年の酒税法改正によって酒類販売の規制緩和が進み、ワインの販路拡大と低価格化が加速したことや、90年代後半に到来したワインブームなどが、消費拡大の要因と考えられる。しかし、1人あたりの年間消費量が約50Lのポルトガル、フランス、イタリアなどと比べると、まだまだ少ない。

1人あたりの年間ワイン消費量

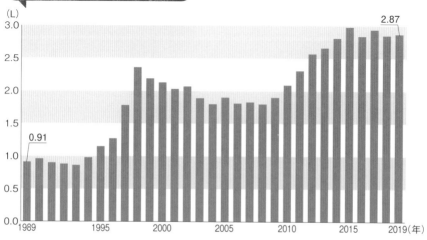

（L）

2.87

0.91

1989　　　1995　　　2000　　　2005　　　2010　　　2015　　　2019（年）

出典：キリンホールディングス「国内ワイン市場データ（年間）」

174

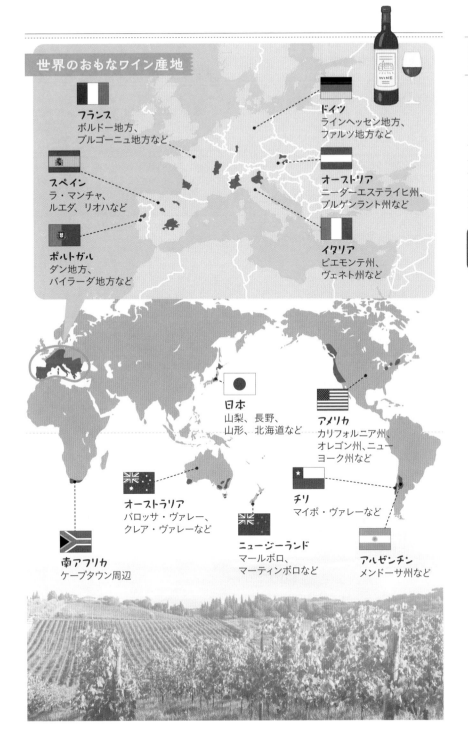

世界のおもなワイン産地

フランス
ボルドー地方、
ブルゴーニュ地方など

スペイン
ラ・マンチャ、
ルエダ、リオハなど

ポルトガル
ダン地方、
バイラーダ地方など

ドイツ
ラインヘッセン地方、
ファルツ地方など

オーストリア
ニーダーエステライヒ州、
ブルゲンラント州など

イタリア
ピエモンテ州、
ヴェネト州など

日本
山梨、長野、
山形、北海道など

アメリカ
カリフォルニア州、
オレゴン州、ニュー
ヨーク州など

オーストラリア
バロッサ・ヴァレー、
クレア・ヴァレーなど

チリ
マイポ・ヴァレーなど

ニュージーランド
マールボロ、
マーティンボロなど

アルゼンチン
メンドーサ州など

南アフリカ
ケープタウン周辺

ワインの歴史

古代史に刻まれるワイン

ワインに関する現存最古の記録は、**紀元前2000年頃の古代メソポタミア**の文学作品『ギルガメシュ叙事詩』といわれ、エジプトのピラミッドからもブドウ栽培の様子を描いた壁画が見つかっている。さらに近年、黒海に面した**ジョージアのコーカサス地方**で、約8000年前のものと見られるワイン醸造用の壺が発見されている。

ワインは、コーカサス地方からフェニキア、エジプトを経て、地中海全域に広がったといわれる。その後はローマ帝国の勢力拡大とともに、フランス、

古代エジプトにおけるブドウ栽培やワイン製造の様子

イギリス、ドイツ、オーストリアなどヨーロッパ全域へ広がった。ローマ人はブドウの栽培地を広げながら、よりよいブドウの栽培方法や醸造方法を編み出し、現代のワイン醸造の基盤をつくり上げた。

海を渡り、世界へと進出

戦乱が続いた中世のヨーロッパでは、**教会や修道院**が、キリスト教とともにワイン文化を発展させた。赤ワインはイエス・キリストの血の象徴として儀式に欠かせないものとなり、主要な修道会がブドウ園を所有してワイン生産に取り組むようになった。

大航海時代が幕を開けた15世紀以降、ワインは**ヨーロッパ各国の植民地**となった国々へ持ち込まれ、やがて現地でも生産されるようになった。現在、**チリ**や**アルゼンチン**、**南アフリカ**、**ニュージーランド**などでワインづくりが盛んなのは、そのような背景がある。

日本に初めてワインが伝えられたの

は室町時代だといわれるが、本格的なワイン製造が始まったのは、1877（明治10）年に「大日本山梨葡萄酒会社」が設立されてからだ。現在、**日本には400を超えるワイナリーが存在**し、世界的な評価も高まっている。

江戸時代初期、小倉藩主の細川忠利がワインを製造させていたという記録がある

ワインの種類

スティル・ワイン

スティル（still）は「静かな」という意味。炭酸ガスによる**泡立ちがなく、静か**であることから、そう呼ばれる。色によって**赤、白、ロゼ**に分けられ、味わいの違いで**甘口や辛口**に分けられる。

スパークリング・ワイン

炭酸ガスを含む**発泡性のワイン**。フランスでは「ヴァン・ムスー」と呼ばれ、シャンパーニュ地方でつくられる「**シャンパーニュ（シャンパン）**」もその一種。イタリアの「**スプマンテ**」、スペインの「**カヴァ**」など、国によって呼び名や規格が異なる。

フォーティファイド・ワイン

醸造過程でアルコール分を添加し、アルコール度数を15〜22度まで高めたワイン。「**酒精強化ワイン**」とも呼ばれる。ポルトガルの「**ポートワイン**」、スペインの「**シェリー**」、マデイラ島（ポルトガル領）の「**マデイラ**」など。

フレーバード・ワイン

スティル・ワインに**薬草や香辛料、果実**などを加え、独特の風味に仕上げたもの。白ワインにニガヨモギなどの香草やスパイスを加えた「**ベルモット**」や、ワインに果実やスパイスを漬け込んだ「**サングリア**」が代表的。

ワインの製造工程

赤ワインと白ワインのつくり方の違い

　赤ワインと白ワインは、ブドウの種類だけでなく、製造工程もやや違う。いずれも初めにブドウの枝の部分（果梗）から実を分離し（除梗）、その実を果皮が破れる程度につぶす（破砕）。その後、白ワインは圧搾して果汁だけを発酵させるが、赤ワインは、果汁と一緒に果皮や種子も発酵させる。

　除梗・破砕したブドウに酵母を加えて発酵させることを、**「主発酵」（一次発酵）**という。かつてはブドウの果皮に付着した野生酵母を使っていたが、現在は純粋培養した乾燥酵母を使うのが一般的。酵母を加えると、ブドウに含まれる糖がアルコールに分解され、炭酸ガス（二酸化炭素）が発生する。

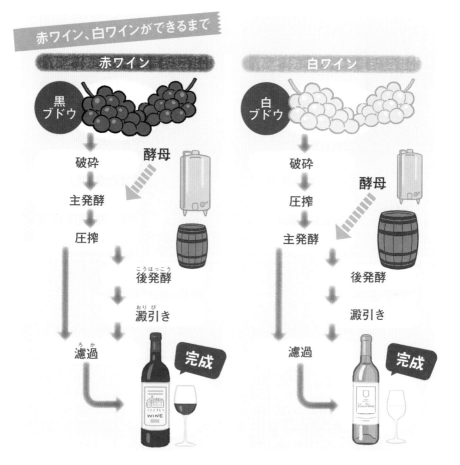

赤ワイン、白ワインができるまで

赤ワイン

黒ブドウ → 破砕 → 酵母 → 主発酵 → 圧搾 → 後発酵 → 澱引き → 濾過 → 完成

白ワイン

白ブドウ → 破砕 → 圧搾 → 酵母 → 主発酵 → 後発酵 → 澱引き → 濾過 → 完成

赤ワインの場合、果皮や種子を一緒に発酵させることで、色素が抽出される。この抽出工程を「醸し発酵」または「マセラシオン」という。このとき、炭酸ガスによって果皮や種子などが発酵槽の表面に浮かび上がってくる。これを放置すると、酢酸菌などが繁殖してワインの品質が損なわれるため、発酵槽の中で循環させたり底に沈めたりする。主発酵が完了したら圧搾を行い、果皮や種子を取り除く。

その後、貯蔵タンクや木樽に移して熟成させる（後発酵）。期間は数十日から長いものでは数年間に及ぶ。後発酵中には、発酵によって発生する炭酸ガスを発散させ、タンクや木樽の底にたまる澱を取り除く（澱引き）。これを何度か繰り返し、濾過を経て完成。

なお、淡いピンク色のロゼ・ワインも黒ブドウからつくられる。主発酵の途中で種子と果皮を取り除き、果汁のみを発酵させる製法が一般的だ。

ワインの効果

注目される赤ワインの健康機能

ワインの中でも特に赤ワインは、さまざまな健康機能があることで知られている。ひとつは動脈硬化の予防効果だ。フランス人は喫煙率が高く、バターや肉などの動物性脂肪の摂取量が多いにもかかわらず、心疾患による死亡率が低いことが判明し、赤ワインとの関連性について研究が進められた。

そもそも、血管が狭くかたくなる動脈硬化は、悪玉コレステロール（LDL）が酸化することによって進行し、心疾患や脳梗塞のリスクを高める。ヒトに対する赤ワインの飲用試験を行ったところ、赤ワインの摂取後すぐに抗酸化活性が上昇し、悪玉コレステロール（LDL）の酸化が抑えられるという結果が得られた。

そのため、赤ワインには動脈硬化を予防し、心疾患や脳梗塞の発症リスクを抑える効果があるとされる。

さらに赤ワインには、「レスベラトロール」というポリフェノールの一種が含まれており、適量の赤ワインを摂取することで、毛細血管の血流がよくなることが報告されている。

動脈硬化予防
心疾患発症
リスク低下
血流改善

酒類とは何だろう

「酒類」の定義とは？

何をもって「酒」とするか、その定義は国によって異なり、日本では**酒税法で「アルコール分1%以上の飲料」**が「酒類」とされている。

アルコール分とは、100mLの液体の中に何mLのエチルアルコールが含まれているかを表すもので、法律でその表示が義務付けられている。たとえば、商品ラベルに「アルコール5度（%）」と表示されていれば、100mL中に5mLのエチルアルコールが含まれていることになる。

製造法によって3つに分類される

酒類を製造法によって分類すると、発酵したものをそのまま飲む「**醸造酒**」と、醸造酒を加熱し蒸留してつくる「**蒸留酒**」、さらにこれらをもとにつくる「**混成酒**」の3つに分けられる。

醸造酒の代表例は**ワイン、ビール、日本酒**で、これらを蒸留した**ブランデー、ウイスキー、本格焼酎**が代表的な蒸留酒だ。醸造酒と蒸留酒は、原材料の成分が**糖類かデンプン**かで2つの系統に分けられ、原材料でさらに細かく分類される（→P181）。

混成酒は、醸造酒または蒸留酒に草根木皮などのハーブ類、果実、香料、糖類を混ぜるか、香味成分を抽出してつくられる。**醸造酒ベースと蒸留酒ベース**に大きく分けられ、原料によって**香草・薬草系、果実系**などに細分化される。

醸造酒

蒸留酒

醸造酒の発酵方法は原材料によって変わる

醸造酒は、原材料の成分が**糖類かデンプンかによって発酵方法が異なる**。ワインなどの糖類系の醸造酒の場合、原材料の果実やハチミツに糖分が含まれているため、酵母を加えて、糖分をそのままアルコール発酵させることができる。

一方、ビールや日本酒などデンプン系の醸造酒は、原材料に糖が含まれていないので、そのままではアルコール発酵ができない。そこで、米麹や麦芽などを加えて**デンプンをブドウ糖に変え（糖化）、その糖を発酵させる**方法でつくられる。

酒類の分類

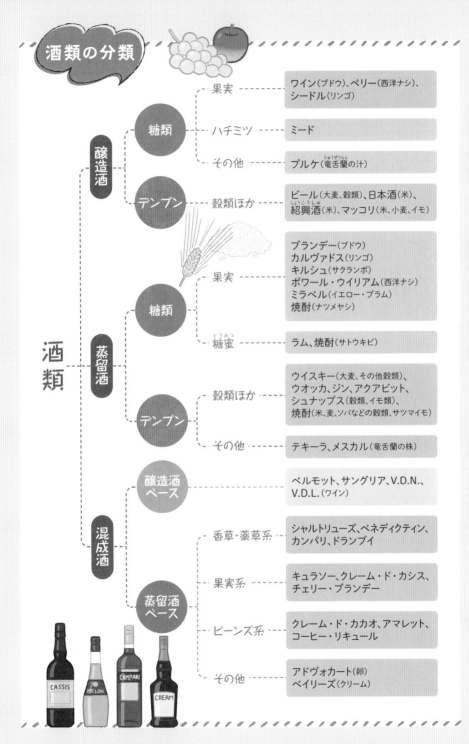

酒類

醸造酒

糖類
- 果実 ……… ワイン(ブドウ)、ペリー(西洋ナシ)、シードル(リンゴ)
- ハチミツ ……… ミード
- その他 ……… プルケ(竜舌蘭の汁)

デンプン
- 穀類ほか ……… ビール(大麦、穀類)、日本酒(米)、紹興酒(米)、マッコリ(米、小麦、イモ)

蒸留酒

糖類
- 果実 ……… ブランデー(ブドウ)
カルヴァドス(リンゴ)
キルシュ(サクランボ)
ポワール・ウイリアム(西洋ナシ)
ミラベル(イエロー・プラム)
焼酎(ナツメヤシ)
- 糖蜜 ……… ラム、焼酎(サトウキビ)

デンプン
- 穀類ほか ……… ウイスキー(大麦、その他穀類)、ウオッカ、ジン、アクアビット、シュナップス(穀類、イモ類)、焼酎(米、麦、ソバなどの穀類、サツマイモ)
- その他 ……… テキーラ、メスカル(竜舌蘭の株)

混成酒

醸造酒ベース
ベルモット、サングリア、V.D.N.、V.D.L.(ワイン)

蒸留酒ベース
- 香草・薬草系 ……… シャルトリューズ、ベネディクティン、カンパリ、ドランブイ
- 果実系 ……… キュラソー、クレーム・ド・カシス、チェリー・ブランデー
- ビーンズ系 ……… クレーム・ド・カカオ、アマレット、コーヒー・リキュール
- その他 ……… アドヴォカート(卵)
ベイリーズ(クリーム)

CASSIS　MELON　CAMPARI　CREAM

日本酒

NIHONSHU

日本酒は、米と米麹、水をおもな原料としてつくられた酒で、アルコール度数は15度前後。発酵終了時点では20度ほどになり、**世界で最もアルコール度数の高い醸造酒**といわれている。

「酒は百薬の長」ということわざがあるように、日本酒は古くから優れた薬とされてきた。実際に、日本酒には米麹による発酵作用で生まれるアミノ酸やビタミン類、ペプチドなどの**栄養素が豊富**に含まれており、美肌効果や血行促進効果などが認められている。

近年、国内の日本酒消費量が減っている中、"量より質"を求める消費者のニーズに応じた**個性豊かな日本酒**が開発されている。たとえば、日本酒を飲み慣れていない人でも飲みやすいスパークリング日本酒、口当たりや香りのよさを求めて限界まで精米した米でつくる日本酒、洋食に合う日本酒などがある。

また、世界的な和食人気にともない、海外での需要が高まっており、高級品を中心に**輸出量が年々増えている**。

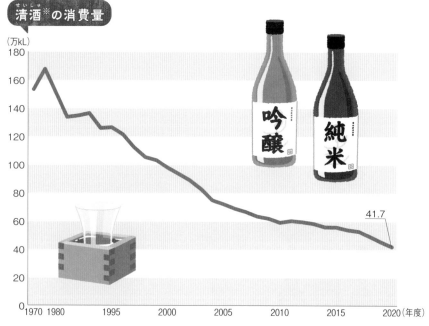

清酒※の消費量

（万kL）

41.7

1970 1980　1995　2000　2005　2010　2015　2020（年度）

※清酒の定義についてはP184参照。

出典：国税庁「酒のしおり（令和4年3月）」

日本酒の歴史

奈良時代には米を原料とした酒が

　日本酒の起源ははっきりしないが、3世紀に書かれた中国の歴史書『魏志倭人伝』に、当時の日本で何らかの酒が飲まれていたという記述がある。

　国内の記録では、奈良時代に編纂された『大隅国風土記』に**口噛みノ酒**（→P39）、『播磨国風土記』に**コウジカビを用いた酒**についての記述があり、これらが米を原料とした酒の起源とされる。特に後者は、米麹を用いてつくる現在の日本酒に近い。

　平安時代になると、法典『延喜式』に**米と米麹と水による酒づくり**の方法が書かれるなど、ほぼ現代の技術と変わらない酒づくりが行われていた様子がうかがえる。

江戸中期に大量生産開始

　平安時代には大寺院での酒づくりが盛んになる。室町時代には、奈良の正暦寺で、それまではにごり酒（どぶろく）が主流だった酒を、精白米を用い、「造り」と呼ばれる製法により澄んだ酒にした「**清酒**」がつくられるようになった。そのため**奈良は清酒発祥の地**といわれている。

　やがて殺菌のための「**火入れ法**」が生み出され、仕込み用の大樽がつくられるようになると、大量生産が可能になる。江戸時代中期には全国に2万7000軒もの酒造所があり、日本の酒づくりは全盛期を迎えた。

　明治時代に入ると、酒税がかけられるようになるとともに自家醸造が禁止され、現在のような瓶売りが一般的になっていった。

江戸時代の酒づくりの様子（『日本山海名産圖會 5巻』）

日本酒の種類

清酒の定義と分類は？

　日本酒のラベルを見ると、**「清酒」**と表記されている。「清酒」は、酒税法上で定義されており、①米、米麹、水を主な原料として発酵させたもの、②濾す作業を行なったもの、③アルコール分が22度未満であること、となっている。なかでも、**原料の米に日本産の米を用い、日本国内で醸造した清酒を「日本酒」と呼んでいる。**

　また、「大吟醸」や「純米酒」などの表記は、ある一定の要件を満たす**「特定名称酒」**を表す。国税庁が制定した「清酒の製法品質表示基準」では、原材料と精米歩合によって特定名称酒を8種類に分類している。

　たとえば**「純米酒」**は、米と米麹のみを原材料としたもので、精米歩合が60％以下の場合は「純米吟醸酒」、精米歩合が50％以下の場合は「純米大吟醸酒」という分類になる。

　一方、醸造アルコールを添加したものは**「本醸造酒」**（精米歩合70％以下）と呼ばれ、こちらも精米歩合により「吟醸酒」（同60％以下）、「大吟醸酒」（同50％以下）と規定されている。このほか、特別な製法でつくられたものは「特別純米酒」「特別本醸造酒」とされる。

精米歩合とは

精米によって残った米の割合を表したもので、たとえば精米歩合60％は、玄米の表面を40％削って除去したことを意味し、精米歩合が低いほど原料の米が多く必要になり、高級な酒となる。

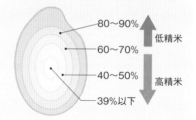

| | 80〜90％ | 低精米 |
| 60〜70％ |
| 40〜50％ | 高精米 |
| 39％以下 |

製法区分上の特定名称酒

名称	原材料	精米歩合	特徴
純米大吟醸酒	米・米麹	50％以下	吟醸造り、固有の香味、色沢が特に良好
純米吟醸酒	米・米麹	60％以下	吟醸造り、固有の香味、色沢が良好
純米酒	米・米麹		香味、色沢が良好
大吟醸酒	米・米麹・醸造アルコール	50％以下	吟醸造り、固有の香味、色沢が特に良好
吟醸酒	米・米麹・醸造アルコール	60％以下	吟醸造り、固有の香味、色沢が良好
本醸造酒	米・米麹・醸造アルコール	70％以下	香味、色沢が良好
特別純米酒	米・米麹	60％以下または特別な製造方法（要説明表示）	香味、色沢が特に良好
特別本醸造酒	米・米麹・醸造アルコール	60％以下または特別な製造方法（要説明表示）	香味、色沢が特に良好

日本酒の 原料

シンプルだからこそ質が重要

米　水　酵母

❶米

酒づくり用の米は「**酒造好適米（酒米、心白米）**」と呼ばれ、食用米と区別されている。食用米に比べて粒がひと回り大きく、中心部分のデンプン質が粗く、「**心白**」と呼ばれる不透明な部分があるのが特徴だ。また、タンパク質の含有量が少ない。

心白のある米は、精米してもくだけにくく、蒸したときに外がかたく中がやわらかい状態になりやすい。これにより、麹菌が米の内部まで菌糸を伸ばしやすく、仕込んだときに米が溶けやすくなるため、酒づくりに適している。

おもな酒造好適米に、**山田錦**や**雄町**、**五百万石**などがあるが、栽培環境によっても品質に差が出る。

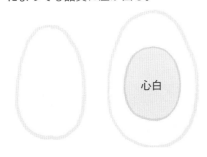

心白

食用米　酒造好適米

❷水

水は、洗米や仕込みなどに用いられる重要なもので、**日本酒の産地は良質な水が豊富にある**ことが条件となっている。水質としては、酵母の栄養分となるカルシウムやマグネシウムを多く含むもの（**硬水**）がよいとされている。鉄やマンガンなどの金属成分が多いと酒に色が付くため、それらの含有量が少ないものが好まれる。

硬水を使うとキレのある味わいになる傾向があり、軟水で仕込んだ酒はまろやかな口当たりになる傾向がある。

❸酵母

酵母には、糖を分解してアルコールと炭酸ガスを産生する役割がある（アルコール発酵）。しかし米には糖が含まれないため、麹菌の酵素を利用して米のデンプンを糖に変え、その後に酵母を加えてアルコール発酵を行う。

日本酒づくりに用いられる**清酒酵母**は、アルコール耐性や発酵力が強く、17〜18度という高いアルコール度数になるまでアルコールを生成し、日本酒独特の香気成分を生産する（→P47）。

日本酒の製造工程

麹菌と酵母のチカラで米が酒になる

❶原料処理

玄米を精米し、雑味の原因となるタンパク質や脂質を除去する。精米歩合は酒の銘柄によって異なる。精米後に米を洗うが、そのときにも米の表面が削られるため、二次精米ともいわれる。

洗った米は水につけ（浸漬）、蒸しやすい状態にする。蒸した米は麹や酒母づくり、もろみの仕込みに使われる。

酒米を蒸しているところ（蒸煮）

❷麹づくり（製麹）

日本酒づくりには「一麹、二酛、三造り」という言葉があり、**麹づくり（製麹）が最も重要な工程**となる。

まず、蒸米を麹の繁殖に適した温度まで冷まし、種麹をふりかけて麹菌を繁殖させる。種麹には、「ニホンコウジカビ」と呼ばれる黄麹菌を用いる。

❸酒母づくり、仕込み

蒸米と麹を混ぜ合わせたものに酵母と水を加えて培養し、**「酒母（酛）」**をつくる。「もろみ」という原酒をつくる際、酒母（酛）は発酵を促す重要な役割を果たす。

次に行うのが、日本酒づくりの特徴である三段階に分けた仕込み（**三段仕込み**）による、**もろみづくり**だ。蒸米と米麹と水を3回に分けて酒母に加えることで、雑菌の繁殖を抑えつつ酵母の働きを高める。

もろみづくりでは、**麹菌によるデンプンの糖化と、酵母によるアルコール発酵が同時に進む。**これは「**並行複発酵**」と呼ばれ、三段仕込みとともに日本酒特有の醸造技術として知られる。

❹上槽、火入れ、瓶づめ

発酵を終えたもろみを搾り、清酒と酒粕に分ける（**上槽**）。搾りたての酒にはにごりがあるため、不純物を沈殿させ、上澄みを取り出す（**澱引き**）。さらに、濾過によって雑味や色を取り除き、低温で加熱殺菌する（**火入れ**）。

火入れ後、半年から1年ほど**貯蔵して熟成**させる。まろやかな味わいになるが、アルコール度数が高いため、水を加えてアルコール度数や味を整え、再度火入れし、瓶づめして出荷する。

日本酒を熟成させる貯蔵タンク

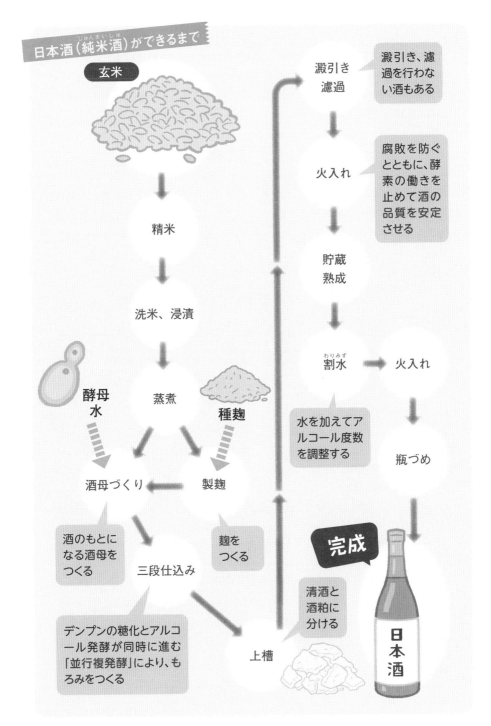

日本酒（純米酒）ができるまで

玄米

精米

洗米、浸漬

蒸煮

酵母 水

種麹

酒母づくり ← 製麹

酒のもとになる酒母をつくる

麹をつくる

三段仕込み

デンプンの糖化とアルコール発酵が同時に進む「並行複発酵」により、もろみをつくる

上槽

清酒と酒粕に分ける

澱引き 濾過

澱引き、濾過を行わない酒もある

火入れ

腐敗を防ぐとともに、酵素の働きを止めて酒の品質を安定させる

貯蔵 熟成

割水 → 火入れ

水を加えてアルコール度数を調整する

瓶づめ

完成

日本酒

日本酒の味わい

日本酒の味の基準とは

日本酒は、同じ醸造法でも、酒米や精米歩合、水など、諸条件によって味わいや香りが異なる。日本酒の味を表す方法として用いられるのが、**日本酒度、酸度、アミノ酸度**という基準だ。

日本酒度は、糖分を含むエキス分の多さを表す目安で、水の比重をゼロ（±0）として、エキス分が多いほどマイナス（–）で甘くなり、少ないほどプラス（＋）で辛口になる。

酸度は、酒に含まれる有機酸の量を表す数値で、酸度が高いと甘みが打ち消されて濃く辛くなり、酸度が低いほど甘くすっきりとした味わいとなる。

アミノ酸度は、うま味のもとになるアミノ酸の量を表す数値で、高いほどうま味が増し、低いとあっさりとした味わいになる。

温度による味や香りの変化

日本酒は**温度によって味や香りが変わる**。日本酒は温めると酸味が丸くなり、甘みが増したように感じられることがあり、温めて飲むことも多い。微妙な温度の違いによって、**「ぬる燗」「人肌燗」「日向燗」**というように、感

性豊かな呼び方があるのも、幅広い温度帯で楽しめる日本酒ならではだ。

温度による酒の変化

呼び名	温度	感じ方、味や香りの変化
飛び切り燗	55℃以上	酒の香りが強く、辛口になる。
熱燗	50℃	酒の香りがシャープになり、キレ味のよい辛口になる。
上燗	45℃	酒の香りが引き締まり、やわらかさと引き締まりを感じる味わいになる。
ぬる燗	40℃	酒の香りが最も豊かになり、ふくらみを感じる味わいになる。
人肌燗	35℃	ぬるいと感じる温度。香りが引き立ち、さらりとした味わいになる。
日向燗	30℃	香りが引き立ち始め、なめらかな味わいになる。
室温（常温）	20℃	ほんのりした冷たさを感じる。やわらかい香りと味わいになる。
涼冷え	15℃	冷蔵庫から出してしばらく経ったくらいの温度。華やかな香りが楽しめる。
花冷え	10℃	徐々に香りが広がり、すっきりとした味わいになる。
雪冷え	5℃	冷蔵庫から出した直後。シャープな味わいで清涼感がある。

日本酒の効果

日本酒に含まれる栄養成分は？

日本酒には、アルギニン、チロシン、セリン、グルタミン酸など**20種類もの**
アミノ酸が含まれている。これは原料の米に含まれるタンパク質が分解されてできたもので、コクやうま味のもとになっている。また、ビタミンやペプチドなど、約700種類もの栄養成分も含まれているとされる。

なかでも、日本酒に多く含まれる**「ア**
デノシン」という成分には、ストレスで収縮した血管を拡張して血流をよくする働きがある。体を温めてリラックスさせてくれるほか、血圧上昇を抑えたり、血液中の善玉コレステロールを増やしたりするといわれている。

また、日本酒は**美肌効果**も期待でき

適量を守る！
血流改善
美肌効果

る。日本酒に大量に含まれるアミノ酸には、肌の保湿効果を高める働きがある。また、原料米に由来する**フェルラ**
酸という物質は、シミやソバカスの原因となるメラニンの生成を抑える効果があるとされている。

Mini column　発酵＋α　酒粕（さけかす）の健康・美容パワー

酒粕は、日本酒づくりの工程でもろみを搾（しぼ）った後に残る副産物のこと。日本酒と同様に、**ビタミンをは**
じめとする栄養成分が豊富であり、古くから粕汁（かすじる）や甘酒として飲まれたり、料理に利用されたりしてきた。

近年は、酒粕に含まれる**「レジス**
タントプロテイン」というタンパク質が健康分野で注目されている。一般的なタンパク質が胃で分解されるのに対し、レジスタントプロテイン

はもろみの中でも溶けず、胃の消化酵素でも分解されることなく小腸まで届いて、腸内環境を整えてくれる。

レジスタントプロテインには食物繊維に似た働きがあり、脂質を体外に排出し、血中コレステロールを低減させる効果も期待できる。また、新陳代謝を促進し、シミや吹き出物など肌のトラブルを防ぐとされ、酒粕を使った化粧品も開発されている。

金内誠の
発酵コラム ❻

偉人たちのワイン
〈前編〉

　世界には古くからさまざまなお酒が存在し、各国の英雄・偉人たちはそれらのお酒を堪能していたことでしょう。なかでも、歴史のあるワインは、ダントツで偉人たちに愛されました。

　たとえば、わずか10年で地中海からインドに至る広大な帝国を築きながら、32歳で早逝したアレキサンダー大王（アレクサンドロス3世、紀元前356〜紀元前323年）には、ワインに関する逸話が多数あります。アレキサンダー大王を就寝中に殺害するという計画があったものの、王は徹夜でワインを飲み続けたため、暗殺計画は未遂に終わったそうです。しかし王は、ワインの飲み過ぎがたたり、肝臓病でなくなったといわれています。

　また、古代ギリシャの代表的な哲学者・ソクラテス（紀元前470年頃〜紀元前399年）は、いくら飲んでも酔わない酒豪だったと伝えられています。ソクラテスと並ぶ偉大な哲学者のひとり、アリストテレス（紀元前384〜紀元前322年）は、人類史上初めてワインを蒸留したともいわれます。ちなみにアリストテレスは、アレキサンダー大王の教育係・家庭教師も務めました。

　また、絶世の美女・クレオパトラ（紀元前69〜紀元前30年）は、地中海に浮かぶ小さな島・キプロスの甘口ワイン「コマンダリア」を好んで飲んでいたとされています。これは、収穫したブドウを藁の上で天日干しして干しブドウにした後、圧搾して果汁を得て、発酵させたもの。12世紀には、コマンダリアを気に入ったイングランド王リチャード1世（1157〜1199年）が、「王のワイン、そしてワインの中の王」と称賛したそうです。

（→P217〈後編〉に続く）

ビール
BEER

　ビールは**麦芽と水、ホップ**などを原料として、ビール酵母で発酵させた醸造酒のこと。アルコール度数は5度前後とほかの酒類に比べて低く、炭酸ガスによる**爽快感**やホップに由来する**苦味・さわやかな香り**が特徴だ。麦や米、トウモロコシなどの副原料を加えて、香味に変化を出すこともある。

　麦芽は大麦などを発芽させたもので、**モルト**ともいう。主成分がデンプンである大麦は、そのままではアルコール発酵に必要な糖がないが、発芽によりアミラーゼが活性化すると、デンプンを糖化させる働きが生まれる。

　日本の酒税法では、ビールは**麦芽使用比率が50％以上**であることや、使用が認められた副原料の合計重量が麦芽の重量の5％の範囲内であることが定められている。ビールと同じ原料でも、麦芽使用比率が50％未満であったり、副原料の合計重量が基準を超えていたりする場合は、**発泡酒**となる。

　なお、「**第3のビール**」と呼ばれるのは、麦芽を使用しないもの。さらに、発泡酒にスピリッツ（→P208）を加えたものは「**第4のビール**」と呼ばれる。

国別1人あたりビール消費量（2020年）

順位	19年順位	国　名	消費量 (L)	大瓶(633mL)換算本数(本)	対前年増減本数(%)	日本人＝1として(倍)	総消費量 (万kL)
1	1	チェコ共和国	181.9	287.4	−10.5	5.2	194.6
2	2	オーストリア	96.8	153.0	−17.3	2.8	87.2
3	4	ポーランド	96.1	151.8	−1.4	2.8	363.3
4	5	ルーマニア	95.2	150.4	−0.9	2.7	182.8
5	3	ドイツ	92.4	146.0	−10.4	2.6	774.6
6	12	エストニア	86.4	136.5	8.8	2.5	11.2
7	6	ナミビア	84.8	134.0	−16.9	2.4	21.2
8	18	リトアニア	84.1	132.8	11.8	2.4	22.7
9	11	スロバキア共和国	81.7	129.0	−2.5	2.3	44.9
10	7	アイルランド	81.6	129.0	−17.7	2.3	44.0
参考							
17	22	アメリカ	72.8	115.0	0.2	2.1	2410.5
52	53	日本	34.9	55.1	−5.5	1.0	441.6

※日本の消費量については、ビール・発泡酒・新ジャンル計　　出典：キリンホールディングスWebサイト「市場データ・販売概況」

ビールの 歴史

ルーツは古代メソポタミア

古代エジプトにおけるビール製造の様子を表した模型
（バラ十字古代エジプト博物館）

　ビールはワインに次いで古い歴史を持つ酒で、その起源は紀元前3000年頃の古代メソポタミアにあるとされている。シュメール人が残した遺跡にはビール醸造について記した粘土板が残されており、それによると当時は麦の古代種（エマー小麦）で**「シカル」**と呼ばれる古代ビールをつくっていた。

　シカルは、麦芽でつくったパンを水に溶かして野生の酵母で自然発酵させたもので、麦芽を原料としているため

ビールの原形だと考えられている。現代のビールとは異なり、ホップの香りや苦味はなく、**乳酸菌による酸味の強いもの**だったようだ。なお、シカルは古代メソポタミアの文学作品『ギルガメシュ叙事詩』にも登場している。

日本での普及は明治以降

　中世ヨーロッパではブドウの栽培が困難な地域を中心にビールが飲まれ、おもにキリスト教の修道院でビールがつくられていた。当時は「グルート」と呼ばれるハーブの混合物で風味付けされていたが、**12〜15世紀にホップが使用される**ようになる。

　1516年にドイツでは、食品に関する最古の法律**「ビール純粋令」**が出され、ビールは大麦・ホップ・水のみを原料とすることが定められた。これによって**ビールの品質が向上**していった。

　日本では、1853（嘉永6）年に蘭学者の川本幸民がオランダ語の化学書を翻訳し、ビール醸造について解説したが、ビールの本格的

な普及は明治以降である。1869（明治2）年にノルウェー系アメリカ人の**ウィリアム・コープランド**が、日本初のビール醸造所を横浜に設立。1876（明治9）年には、官営ビール事業として札幌に**「開拓使麦酒醸造所」**が設立された。

開拓使麦酒醸造所の開業式での記念写真
（北海道大学付属図書館所蔵）

ビールの原料

麦芽とホップがビールを特徴付ける

❶大麦

ビールの主原料である**麦芽**は、大麦を発芽させたもの。大麦は穂の形状によって**二条大麦**と**六条大麦**に大別されるが、一般的に大麦というと六条大麦を指す。一方、ビールの原料になるのは二条大麦で、別名を**ビール麦**ともいう。麦のひと粒ひと粒が大きく、デンプンを多く含むなどの特徴がある。

❷ホップ

アサ科のつる性植物で、和名は「西洋唐花草」。ビール醸造に使われるのは、受粉前の雌株が持つ「毬花」という部分で、その中の黄金色の粉**「ルプリン」**に含まれる精油や樹脂が、**ビール独特の苦味や芳香、泡立ち**をもたらす。

ホップには、過剰なタンパク質を沈殿させてビールを清澄にし、雑菌の増殖を抑えて腐敗を防止する役割もある。

近年、クラフトビール人気にともなって、国産ホップも注目されている　写真提供：イシノマキ・ファーム

❸水

ビールの製造には水を大量に使用するため、良質な水が豊富にあることが醸造所の立地条件のひとつになっている。**無味、無臭、無色透明**であるほか、生物的・微生物的に汚染がないことや、重金属類などが含まれていないことが求められる。

一般的に**淡色タイプのビールには軟水**が、**濃色タイプのビールには硬水**が適しているとされ、軟水が多い日本は、淡色ビールの製造に適している。

❹副原料

1516年に「ビール純粋令」が定められたドイツでは、現在もビールは大麦、ホップ、水のみでつくられているが、ドイツ以外の国では、**麦、米、トウモロコシ、コウリャン**などが副原料として用いられることが多い。

副原料の添加は、原料コストを抑えるだけでなく、風味や味わいのバランスのよいビールをつくるためでもある。

ビールの製造工程

ビールづくりの5つの工程

❶製麦

大麦から麦芽をつくることを製麦という。製麦は、大麦を水につける「浸麦」、麦の芽を出させる「発芽」、発芽した大麦を乾燥させる、といった工程から成る。大麦を麦芽にすることで、大麦に含まれるデンプンを糖に変える酵素（糖化酵素）が働きやすくなる。

乾燥を終えた大麦をチェックする様子

❷仕込み（糖化）

細かくくだいた麦芽と温水を糖化槽に入れると、**「マッシュ」**と呼ばれる粥状になり、**麦芽酵素の働きによってデンプンが糖に分解される**（糖化）。

糖化が完了したマッシュを濾過したものを**「麦汁」**といい、最初に得られ

粥状のマッシュ

た麦汁を**「一番搾り」**と呼んでいる。

次に、麦汁にホップを加えて煮沸する。ホップの成分を抽出し、苦味や香りを加えるとともに、微生物汚染を防止したり泡持ちを向上させたりする。

❸主発酵（一次発酵）

煮沸した麦汁を5℃前後まで冷却し、**ビール酵母を加えてアルコール発酵**させる。1週間から10日ほどかけて発酵させることで、ビールに含まれるアルコール分の大半が生成される。

なお、糖化とアルコール発酵を段階的に行うことを**「単行複発酵」**という。

❹後発酵（二次発酵）、熟成

主発酵を終えた麦汁は**「若ビール」**と呼ばれ、この時点の味はまだ粗く、十分な香りはない。若ビールを貯蔵タンクに移して**低温で数週間熟成**させることで、ビール独特の香りと苦味が生まれる。また、酵母がタンクの底に沈澱し、ビールは澄んだ状態になる。

❺濾過、加熱殺菌

後発酵が完了すると再度濾過し、酵母を除去する。これによって熟成が止まり、**品質が安定**する。加熱殺菌で酵母の活動を止める方法もある。

ちなみに、濾過のみで加熱処理を行わないビールを**「生ビール」**と呼ぶ。

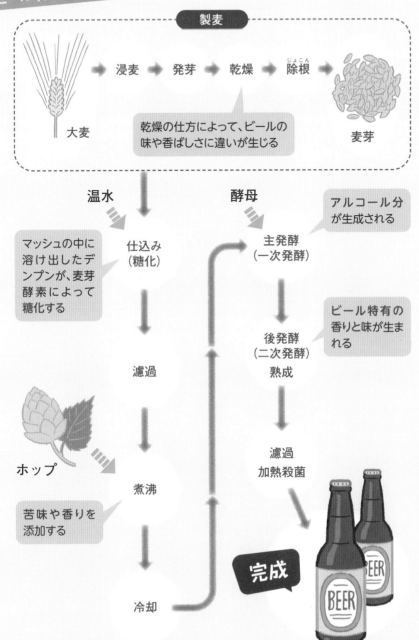

ビール（ラガー）ができるまで

製麦

大麦 → 浸麦 → 発芽 → 乾燥 → 除根（じょこん） → 麦芽

乾燥の仕方によって、ビールの味や香ばしさに違いが生じる

温水

酵母

アルコール分が生成される

マッシュの中に溶け出したデンプンが、麦芽酵素によって糖化する

仕込み（糖化）

主発酵（一次発酵）

ビール特有の香りと味が生まれる

後発酵（二次発酵）
熟成

濾過

濾過
加熱殺菌

ホップ

煮沸

苦味や香りを添加する

冷却

完成

BEER
BEER

195

ビールの種類

下面発酵ビールと上面発酵ビール

ビールは、発酵方法によって「**下面発酵ビール**」「**上面発酵ビール**」「**自然発酵ビール**」の3つに大別される。それぞれ醸造に使われる酵母や製法が異なり、麦芽の濃度や苦味、ビールの色などにより、さらに細かく分類できる。

なお、野生の酵母を用いて1～2年かけて熟成させる自然発酵ビールは、現在はあまりつくられていない。

LAGER   ALE

❶下面発酵ビール

中世以降に広まった製法で、**下面発酵酵母**を用い、低温（5℃前後）・長期間（7～10日）で主発酵を行い、その後、若ビールを1か月程度熟成させる。発酵が進むと酵母がタンクの底に沈んでいく。すっきりと穏やかな味わいで、「**ラガービール**」と呼ばれる。

❷上面発酵ビール

上面発酵酵母を用いて常温（16～20℃）・短期間（3～4日）で主発酵を行い、その後2週間ほど熟成させる。発酵が進むと、炭酸ガスと酵母が麦汁の上部に浮かび上がる。濃厚な香りや風味が特徴で、「**エールビール**」と呼ばれる。古くからある醸造方法だ。

ビールの分類

下面発酵ビール	淡色	ピルスナー麦芽を使ったピルスナーが代表的。日本のビールのほとんどがこのタイプ。ほかに、アメリカのライト・ビールなどがある。
	中等色	やや重いが苦味は弱い、オーストリアのウィーン・ビールが代表的。エキス分、アルコール度数がやや高いのが特徴。
	濃色	麦芽などを使ったドイツの黒ビールや、ホップを効かせて低温で熟成した濃色ボック・ビールなどがある。日本の黒ビールもおもにこのタイプ。
上面発酵ビール	淡色	イギリスのペール・エールやドイツのケルシュ、ヴァイツェン・ビールなどが代表的。全般的に香味や苦味が強め。
	中等色	イギリス産エールの中でも、代表的なのは特に強い苦味のあるビター・エール。
	濃色	大量のホップと着色用に焦がした特殊麦芽を使用したイギリスのスタウト、ドイツのアルトなどがこれに当たる。
自然発酵ビール		ホップを大量に使用し、培養酵母を使わずに自然発酵させたビール。独特の香りと酸味を持つベルギーのランビックが代表的。

ビールの効果

ビールのメリットは？

古代エジプトや古代ギリシャでは薬として利用されていたとされるビール。アメリカの生物学者、レイモンド・パールは、1926年に「適度な飲酒は死亡リスクを下げる」と報告した。彼によると、1日約350mLのビール2〜3本の摂取で効果が最大となるそうだ。

ビールの約90％は水でできており、**利尿作用**があるほか、主原料の麦芽には**ビタミンB群**やイノシトール、葉酸など**ミネラル分**が多く含まれている。ビール酵母もビタミンB群や**食物繊維**が豊富で、**整腸作用**などの効果があるとされている。

さらに、酵母やホップがもたらす香りには**リラックス効果**があることも知

られている。特にホップは、女性ホルモンと似た働きのある**イソフラボン類**が含まれていることでも注目されているほか、鎮静作用、催眠作用、抗菌作用、健胃作用、食欲増進などの効果が期待されている。

ただし、一般的には濾過により酵母が除去されているため、ビールの栄養素を積極的に取りたい場合は、**酵母入りビール**を試してみるとよいだろう。

Mini column　発酵＋α 「クラフトビール」って？

「クラフトビール」は、大手メーカーの量産ビールに対して、小さなビール工房でつくられている**少量生産ビール**のことだ。

かつては酒税法によって年間の最低製造数量が2000kLと定められていたが、1994年の法改正で最低60kLに緩和されたことから、小規模な醸造所でのビール製造が可能になった。当初は地域活性化を目的につくられることが多かったため、「地ビール」とも呼ばれた。

現在では、ビール職人が原料や製法にこだわったビールをつくっていることから「クラフト（＝手工芸品）ビール」と呼ばれ、**高品質で個性的なビール**が人気となっている。

スーパーに並んだ日本各地のクラフトビール

ブランデー
BRANDY

「焼いたワイン」を意味するオランダ語の「brandewijn」を語源に持つブランデーは、一般的にブドウを原料とするワインを蒸留したもので、アルコール度数は40〜50度になる。なお、日本の酒税法では、ブドウに限らず**果実酒を蒸留したもの**をブランデーと定義している。

国内での消費量は1992年にピークを迎えたが、ブランデーは高級品というイメージが強く、その後は減少傾向が続いている。

蒸留酒であるブランデーは、蒸留の過程で糖質が除去されるため、**低カロリー**でプリン体も含まれない。

また、ブランデーに含まれる**ポリフェノール**には、糖尿病合併症の予防や尿酸の生成抑制などの効果があるほか、アンチエイジングなどの**美容効果**が高いことで知られる。

ブランデー特有の芳醇な香りやポリフェノールは、貯蔵熟成される際の樽に由来するため、**熟成年数が長いほど高い効果が得られる**とされている。

ブランデーの 歴史

フランスで生まれ、「王侯の酒」に

文献によると、13世紀に南フランスの錬金術師でもある医師が、ワインを蒸留して気つけ薬にしていたという。その後、品質の落ちたフランス産ワインを蒸留したところ、おいしかったため、徐々に普及していった。

17世紀には、**コニャック地方**や**アルマニャック地方**で本格的に生産されるようになった。1713年に**ルイ14世**がブランデーを保護する法律を制定し、以降ヨーロッパの宮廷に広まり、**「王侯の酒」**と呼ばれるようになった。

ワインの生産地ではブランデーを生産していることが多い。

ブランデーの種類

生産地による分類

フランス西部のコニャック地方でつくられたブランデーを**「コニャック」**という。コニャック市を中心に6地区でつくられ、法的基準を満たすものだけをコニャックと称し、**原産地呼称保護制度**（→P147）で保護されている。

また、**フランス南西部のアルマニャック地方**も、コニャック地方に並ぶ古

い歴史を持つ高級ブランデーの産地だ。しかしその中でも、原産地呼称保護制度で**「アルマニャック」**の呼称が認められているのは、バ・アルマニャックをはじめとする3地区に限られている。生産量はコニャックの約10分の1。

原料による分類

ブドウ以外に、リンゴや洋ナシを原料とした**フルーツ・ブランデー**もあり、「アップル・ブランデー」や「ペア・ブランデー」などと呼ばれている。ま

た、フランスのノルマンディー地方でリンゴからつくられるブランデーは**「カルヴァドス」**と呼ばれ、原産地呼称保護制度の対象となっている。

ブランデーの製造工程

ワインを蒸留し、樽で熟成

ブドウの果皮（かひ）や種子の成分が溶け出すと品質の劣化につながるため、果汁のみを搾（しぼ）り取る。次に、圧搾（あっさく）した果汁を低温でじっくりと**発酵**させ、白ワインをつくる。その白ワインを蒸留器で**加熱**し、そのときの**蒸気を再冷却**すると、アルコール度数が60～65度の**蒸留液**となる。

蒸留液を樽で**長期間熟成**させると、無色透明の蒸留液が琥珀色（こはくいろ）に変化し、

芳香（ほうこう）が増してまろやかな味わいになる。数年から数十年かけて熟成したブランデーを、ブランドイメージなどの香りや味わいになるよう**調合**する。

フランス・コニャック地方の蒸留所

焼酎
SHOCHU

焼酎は、米、麦、ソバ、サツマイモ、ジャガイモなどを麹で糖化・発酵させた後に蒸留した酒で、日本を代表する蒸留酒である。**「連続式蒸留焼酎」**（旧甲類焼酎）と**「単式蒸留焼酎」**（旧乙類焼酎）に大別され、後者は**「本格焼酎」**とも呼ばれている。

「連続式蒸留焼酎」は何度も蒸留を行っており、**大量生産が可能で安価**。アルコール度数は36度、**クセのない味わい**で、酎ハイのベースとして使われることが多い。果実酒づくりに用いられるホワイトリカーも含まれる。

一方、伝統的な製法でつくられる「単式蒸留焼酎」は、原料の風味や味わいがそのまま生かされており、**個性的な味わい**を楽しめる。また、一度に生産できる量が限られるため、高価だ。アルコール度数は45度以下。

焼酎の消費量は1975年頃までは減少傾向だったが、1980年代の**酎ハイブーム**や、2000年代初頭の**本格焼酎ブーム**により消費が拡大。2007年度には約100万kLを記録した。

安価な大衆の酒として飲まれていた焼酎が、近年は味わいを楽しむ酒としての地位を確立し、バラエティに富んだ焼酎がつくられている。

焼酎の消費量

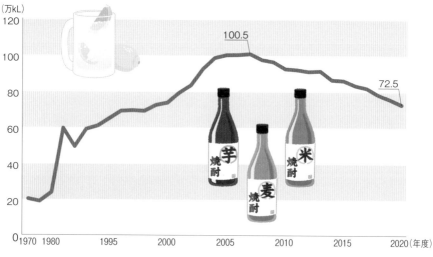

出典：国税庁「酒のしおり（令和4年3月）」

焼酎の 歴史

焼酎の発祥は中東？

中 東　琉 球

シャム

焼酎の起源は定かではないものの、琉球（現在の沖縄）に来た中国人が書いた『使琉球録』（1534年）によると、**シャム（現在のタイ）から琉球経由で伝わった**とされている。

当時は焼酎を「阿刺吉酒」、蒸留器を「ランビキ（蘭引）」と呼んでいたが、これは中東の蒸留酒「アラック」に由来するとされる。そのため、**中東から**シャムへ伝わったとする説が有力だ。

同じ頃、日本国内でも米から蒸留酒をつくって飲んでいたことが、ポルトガル商人の記録に残っている。

日常に定着していった焼酎

また、「焼酎」という文字の日本最古の記録が、鹿児島県伊佐市の郡山八幡神社にある。大工の棟梁による「神主がケチで一度も焼酎を振る舞ってくれなかった」という旨の落書きが、永禄2年（1559年、室町時代）という日付とともに残されている。

その後、江戸時代初期の醸造技術書『童蒙酒造記』や、食物全般について書かれた『本朝食鑑』などにも焼酎の製造方法が記されていることから、**焼酎が常飲されていた**ことがうかがえる。ただし、当時は酒粕や味が落ちた酒を蒸留していたようだ。

連続式蒸留で大量生産開始

焼酎は長らく単式蒸留でつくられていたが、1895年に**イギリスから連続式蒸留機がもたらされる**と、高純度のアルコールを安価で大量に生産できるようになった。1910年には連続式蒸留でつくったものも焼酎と認められ、**「新式焼酎」**と呼ばれ広まっていった。

また、鹿児島など温暖な地域でつくられる焼酎は、雑菌が繁殖しやすいのが問題だったが、技術官僚で科学者の河内源一郎が沖縄の泡盛に着目し、クエン酸を豊富につくる**黒麹菌の分離に成功**。これにより、南九州の焼酎の品質が飛躍的に向上し、**生産の効率化も進んだ**。

「近代焼酎の父」と称される河内源一郎

焼酎の原料

種類ごとに原料はさまざま

水

米

大麦

サツマイモ

ソバ

❶水

米などの主原料の洗浄や浸漬、仕込み、割水、洗浄、冷却などに使われる。完成品1Lあたり20〜25Lの水が必要で、特に割水は完成品の3割の分量を占めるため、**良質な水**が求められる。

❷米

米は**米焼酎の主原料**として使われる以外に、**米麹の原料**としても使われる。清酒とは異なり、国産の古古米や破砕米を用いることがある。

❸大麦

大麦の種類には二条大麦と六条大麦があるが、麦焼酎には**二条大麦**が使われる。大麦を使った蒸留酒という点ではウイスキーと同じだが、大麦のデンプンを糖化させる際に、ウイスキーは麦芽を使うが、**麦焼酎は麹を用いる**。

❹イモ（サツマイモ）

イモ焼酎の原料。代表的な品種は、もともとはデンプンの原料としてつくられていた**「コガネセンガン」**。果皮・果肉ともに黄白色で、やさしい甘さとやわらかな風味がある。おもに鹿児島県や宮崎県で栽培されている。

イモ焼酎はかつて、8月下旬から12月上旬のサツマイモ収穫後に仕込みを始めていたが、近年では収穫後に蒸したサツマイモを急速冷凍することで、年中仕込みが可能となった。

❺ソバ

ソバ焼酎の原料にはソバの実が用いられており、ソバ独特の香り・風味のある焼酎になる。1973年に宮崎県で生まれたソバ焼酎は、まだ歴史が浅く、多様な原料の焼酎が開発される先駆けとなった。

単式蒸留焼酎の製造工程

昔ながらの蒸留技術でつくられる本格焼酎

❶製麹（せいきく）

主原料の米や麦を洗って浸漬し、蒸した後に、黒麹菌（くろこうじきん）や白麹菌（しろ）、黄麹菌（き）を繁殖させ、麹をつくる。

❷仕込み

一次仕込み、二次仕込みの2回に分けて行われる。まず、麹に水と培養酵母（ばいようこう）を加え、約7日かけてアルコール発酵を促し、**もろみをつくる**（一次仕込み）。そこに、蒸した主原料と水を加え、約2週間発酵させる（二次仕込み）。

❸蒸留

発酵が完了したもろみを、単式蒸留器で蒸留する。もろみを加熱してアルコールを蒸発させ、その蒸気を冷却して再び液体にすることで、高濃度のアルコール（**原酒**（げんしゅ））になる。

❹貯蔵・熟成

蒸留直後の原酒にはガス成分が含まれ、味や香り（あ）が粗くて落ち着かないため、貯蔵容器で**1〜3か月熟成**させる。3年以上長期熟成させたものは、まろやかでコクのある味わいになる。

❺調合・割水、濾過（ろか）

熟成が完了すると、味や香りを一定にするためにブレンド（調合）や割水をし、濾過を経て完成する。

単式蒸留焼酎ができるまで

米　麦
↓
製麹　水　培養酵母
↓
一次仕込み　← もろみをつくる
↓
水　米　大麦　イモ
↓
二次仕込み　← もろみに主原料と水を加えて発酵させる
↓
蒸留　← 香気成分も一緒に蒸留・回収される
↓
貯蔵・熟成　← 貯蔵容器は、におい移りのしないステンレス製が主流
↓
調合・割水
↓
完成
濾過　→　焼酎

ウイスキー
WHISKY

ウイスキーは、**大麦、ライ麦、トウモロコシなどの穀物**をおもな原料とした蒸留酒。**木樽熟成**を行うのが特徴だ。

独特の色と香りを生み出す木樽熟成は、**18世紀のスコットランド**が起源だとされる。当時、ウイスキー製造に課された重税を逃れるため、ウイスキーを山奥で密造し、木樽に隠して保存したといわれている。

19世紀以降、スコットランドでのウイスキーづくりが活性化し、大麦麦芽のみでつくる**「モルト・ウイスキー」**のほか、トウモロコシなどの穀物からつくる**「グレーン・ウイスキー」**、そ

れらをブレンドした**「ブレンデッド・ウイスキー」**が生まれた。

やがて世界中に広まり、各地で多様なウイスキーがつくられるようになった。特にスコットランド、アイルランド、アメリカ、カナダ、日本のウイスキーは、**「世界五大ウイスキー」**といわれる（→P205）。

日本におけるウイスキーの消費量は、2008年までは減少傾向にあったが、以降は増加に転じ、消費が拡大している。この背景には、**ハイボール（ウイスキーの炭酸割り）**人気の高まりがあると考えられる。

ウイスキーの消費量

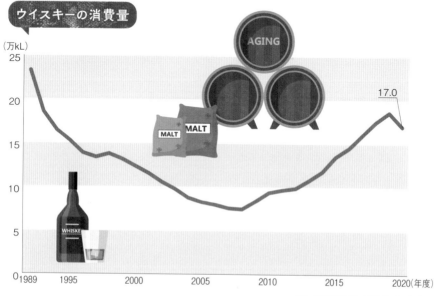

（万kL）

25
20
17.0
15
10
5
0

1989　1995　2000　2005　2010　2015　2020（年度）

出典：国税庁「酒のしおり（令和4年3月）」

世界五大ウイスキーの産地と特徴

カナダ

カナディアン・ウイスキー

ライ麦などが主原料の「フレーバリング・ウイスキー」と、トウモロコシなどが主原料の「ベース・ウイスキー」をブレンドするのが一般的。**華やかな香りと軽快な飲み口**が特徴で、カクテルのベースにもよく用いられる。

スコットランド

スコッチ・ウイスキー

「ウイスキーといえばスコッチ」といわれるほど、世界中で愛されている。バランスのよい風味の「ブレンデッド」と、個性的な味わいの「シングルモルト」が中心。ピート（泥炭）を用いて製麦するため、**スモーキーな香り**のものが多い。

アイルランド

アイリッシュ・ウイスキー

ピート（泥炭）を使用せず、**香り高く、すっきりとした味わい**が特徴。スコッチ・ウイスキーは一般的に単式蒸留器で2回蒸留するのに対し、伝統的なアイリッシュ・ウイスキーは**3回蒸留**する。ただし、現在ではそうとは限らない。

アメリカ

アメリカン・ウイスキー

ライ麦が原料の「ライ・ウイスキー」や、トウモロコシが原料の「コーン・ウイスキー」などがある。おもにケンタッキー州でつくられる「バーボン・ウイスキー」と、テネシー州でつくられる「テネシー・ウイスキー」が有名。

日本

ジャパニーズ・ウイスキー

スコッチ・ウイスキーを手本につくられ始めた。スコッチと同様に「ブレンデッド」と「シングルモルト」が主流だが、**スモーキーさは控えめ**。近年は世界的に評価が高まっており、品評会で好成績を収める銘柄も多い。

ウイスキーの原料と製造工程

おもな原料は大麦やその他の穀物

「モルト・ウイスキー」（→P207）の原料は大麦で、ビールと同じように二条大麦が使われる。また、ライ麦、トウモロコシ、小麦などの穀物からは、「グレーン・ウイスキー」（→P207）がつくられる。

スコッチ・ウイスキーや、スコッチにならったモルト・ウイスキーの場合、ピート（泥炭）が使われるのが特徴的だ。ピートは、コケやシダなどの植物が枯れて地中で炭となって堆積したもので、いわば石炭になる途中の物質。ピートの煙で麦芽を乾燥させることで、スモーキーな香りが生まれる。

大麦　ライ麦　トウモロコシ

ウイスキーのつくり方

ウイスキーの製造は、基本的に、糖化、発酵、蒸留、貯蔵・熟成という工程で行われる。大麦を原料とするモルト・ウイスキーの場合は、まず糖化に必要な麦芽をつくる「製麦」の工程があり、単式蒸留器（ポット・スチル）で蒸留を2回行う。

一方、トウモロコシなどの穀物を主原料とするグレーン・ウイスキーの場合は、単式蒸留器よりもアルコール濃度の高いものが得られる連続式蒸留機を使用することもある。

いずれのウイスキーも、蒸留後にホワイト・オークなどの木樽で貯蔵し、モルト・ウイスキーは3〜8年、グレーン・ウイスキーは2年ほど熟成させる。

その後、貯蔵期間や製造所の異なるモルト・ウイスキー同士を調合したり（バッティング）、モルト・ウイスキーとグレーン・ウイスキーを混ぜたり（ブレンド）することにより、味わいが深くなり、品質が安定する。

蒸留するたびに原料の発酵液を投入する方式の単式蒸留器（ポット・スチル）

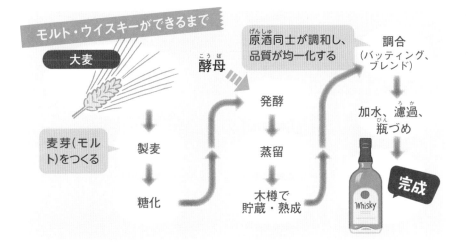

モルト・ウイスキーができるまで

大麦 → 麦芽(モルト)をつくる → 製麦 → 糖化 → 発酵 → 蒸留 → 木樽で貯蔵・熟成

酵母

原酒同士が調和し、品質が均一化する → 調合(バッティング、ブレンド) → 加水、濾過、瓶づめ → 完成

ウイスキーの分類

産地	原料	熟成期間	製品カテゴリー	備考
スコッチ	大麦麦芽	3年以上	ヴァッテッド・モルト・ウイスキー	複数蒸留所のモルト・ウイスキー
	大麦麦芽		シングル・モルト・ウイスキー	単一蒸留所のモルト・ウイスキーのみ
	トウモロコシ、小麦、大麦麦芽		シングル・グレーン・ウイスキー	単一蒸留所のグレーン・ウイスキーのみ
	―		ブレンデッド・ウイスキー	モルト・ウイスキーとグレーン・ウイスキーのブレンド
アイリッシュ	未発芽大麦,小麦,ライ麦,大麦麦芽	3年以上	ストレート・ウイスキー	ポット・スチル原酒のみ
	―	―	ブレンデッド・ウイスキー	モルト・ウイスキーとグレーン・ウイスキーのブレンド
アメリカン(バーボン)	トウモロコシ(51％以上)、穀類、大麦麦芽	3年以上	ストレート・バーボン・ウイスキー	バーボンは2年以上貯蔵
カナディアン	ライ麦、大麦麦芽	3年以上	ブレンデッド・ウイスキー	フレーバリング・ウイスキーとベース・ウイスキーのブレンド
	トウモロコシ、大麦麦芽		―	
ジャパニーズ	大麦麦芽	規定なし	ピュア・モルト・ウイスキー	モルト・ウイスキーのみ
	大麦麦芽		シングル・モルト・ウイスキー	単一蒸留所のモルト・ウイスキーのみ
	トウモロコシ、大麦麦芽		シングル・グレーン・ウイスキー	単一蒸留所のグレーン・ウイスキーのみ
			ブレンデッド・ウイスキー	モルト・ウイスキーとグレーン・ウイスキーのブレンド

スピリッツ
SPIRITS

スピリッツは、**醸造酒を蒸留機で加熱・冷却することでアルコール度数を高めた酒**のことで、広義ではブランデーやウイスキー、焼酎を含めた蒸留酒全般を指す。なかでも、**ウオッカ、ジン、ラム、テキーラは「世界四大スピリッツ」**と呼ばれている。

一般的に、醸造酒のアルコール度数は高くても20度程度だが、スピリッツは、**40度前後**から高いものは50度近くにもなる。そのため、常温で長期保存しやすい。

スピリッツの歴史は醸造酒よりも新しく、11〜12世紀頃から普及していっ

たと考えられている。

日本酒やワインなどの醸造酒はそのまま飲まれることが多いが、スピリッツはストレートやロックだけでなく、**カクテルのベース**としても使われる。特に**「ホワイト・スピリッツ」**と呼ばれる無色透明のウオッカやジンなどは、汎用性が高く、さまざまなカクテルに利用されている。

近年、国内のアルコール消費量が減少傾向にある中、カクテル人気の高まりとともにスピリッツの消費量は増えていて、2005年度の6.2万kLに対して2020年度には70.9万kLと急伸している。

スピリッツ等※の消費量

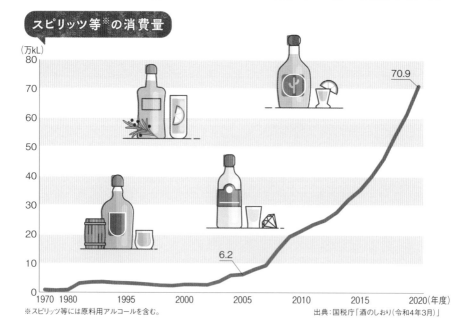

（万kL）

70.9

6.2

1970 1980 1995 2000 2005 2010 2015 2020（年度）

※スピリッツ等には原料用アルコールを含む。

出典：国税庁「酒のしおり（令和4年3月）」

ウオッカ

まろやかでクセがないウオッカ

ウオッカは、小麦、大麦、ライ麦、トウモロコシなどの**穀物やジャガイモを原料とするスピリッツ**。白樺の炭で濾過することで刺激成分などの不純物やにおいが除去されるため、ほかのアルコールに比べて**クセがほとんどないまろやかな口当たり**が特徴だ。なかでも無色・無味・無臭のものは**「ピュア・ウオッカ」**と呼ばれる。

ウオッカ発祥の地ははっきりしないが、12世紀頃のロシアにすでに存在していたといわれている。高いアルコール濃度が血行を促進し、体を温める効果があるため、ロシアや北欧などの極寒地では古くから欠かせない存在だった。ロシアには実に1000種類ともされる多種多様な銘柄があり、**「ロシアン・ウオッカ」**と呼ばれて親しまれている。

ウオッカの原料とつくり方

ロシアでは小麦を原料としたウオッカが多いが、**アメリカではトウモロコシ、ポーランドではライ麦**と、生産国によって原料が異なる。

製造方法は、穀物や麦芽などの原料を糖化、発酵させて、発酵液を連続式蒸留機で蒸留する。そうしてできた**「グレーン・スピリッツ」**を、白樺の活性炭でゆっくりと濾過する。このとき、白樺の炭から味わい成分であるアルカリイオンが溶け出す。

濾過を終えたウオッカの成分のほとんどは水とエチルアルコールで、原料の味わいを残しつつも、まろやかな仕上がりになる。この濾過製法が開発されたことで、軽やかな芳香のあるクリアなスピリッツとなり、ウオッカの人気が高まった。

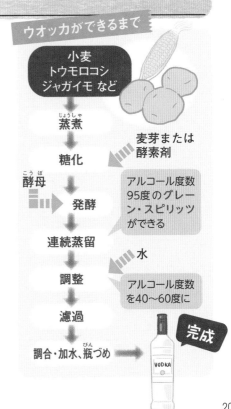

ウオッカができるまで

小麦　トウモロコシ　ジャガイモ など

↓ 蒸煮

↓ 糖化　← 麦芽または酵素剤

酵母 → 発酵　← アルコール度数95度のグレーン・スピリッツができる

↓ 連続蒸留

↓ 調整　← 水　アルコール度数を40〜60度に

↓ 濾過

↓ 調合・加水、瓶づめ　→　完成

ジン

さわやかな風味のジン

ジンはトウモロコシや大麦、ライ麦などの**穀物を原料とし、ジュニパー・ベリー（杜松の実）などのボタニカル（草根木皮などのハーブ類）で香り付け**したさわやかな風味が特徴だ。

その起源は、17世紀オランダのライデン大学医学部で、エチルアルコールにジュニパー・ベリーや薬草を漬け込み、熱病の薬としたこと。これが人気となり、健康な人にも飲まれるようになった。

イギリスで連続式蒸留機が発明されると改良されて人気が高まり、**無色透明で辛口のドライなタイプ**に洗練されていった。その後アメリカに伝わってからは、カクテルのベースとして広く人気を博し、カクテルブームもあって重用されるようになった。

ジンの原料とつくり方

主流の**ドライ・ジン**は、トウモロコシや大麦麦芽などの主原料を糖化、発酵させた後、連続式蒸留機で蒸留する。このときの「**グリーン・スピリッツ**」は、アルコール度数95度以上になる。そこに、ジンのさわやかな風味のもととなるジュニパー・ベリーなどのボタニカルを加えて、**単式蒸留器（ポット・スチル）で再蒸留**する。

ボタニカルはジンの風味を決定付ける存在で、ジュニパー・ベリー以外にも、コリアンダー・シード系やレモンやオレンジなどの柑橘系など、多岐にわたっている。日本でも近年は、煎茶やユズ、山椒の実など、和の素材を用いた**クラフト・ジン**がつくられている。

ドライ・ジンができるまで

トウモロコシ
大麦 など

↓

蒸煮（じょうしゃ）

麦芽または酵素剤 ➡ 糖化 ➡ 発酵 ← 酵母（こうぼ）

グリーン・スピリッツができる

アルコール度数を50〜60度に

連続蒸留

水

調整

ボタニカル

単式蒸留器で再蒸留

調合・加水、濾過（ろか）後に瓶（びん）づめ ➡

完成

GIN

ラム

甘みが強いラム

ラムは**サトウキビ**が原料のスピリッツ。活性炭(かっせいたん)による濾過の有無や貯蔵方法によって、**「ホワイト・ラム」「ゴールド・ラム」「ダーク・ラム」**の3種類に分けられ、風味のよいダーク・ラムは、ドライフルーツの漬け込みなど製菓用にも適している。

サトウキビの一大産地である**カリブ海・西インド諸島が発祥地**で、16世紀初頭にプエルトリコへ渡ったスペイン人が生み出したとも、17世紀初頭にバルバドス島に来たイギリス人がつくったのが最初ともいわれている。

現在は、サトウキビ栽培が盛んな地域が製造の中心で、ブラジルをはじめ中南米で同系統の酒がつくられている。日本でも、沖縄の南大東島(みなみだいとうじま)や鹿児島の奄美群島(あまみぐんとう)などでつくられている。

ラムの原料とつくり方

ラムは、原料のサトウキビに糖が含まれるため、大麦やトウモロコシを用いたほかのスピリッツのような**糖化の工程が不要**である。

サトウキビからできた砂糖を分離した後の**糖蜜（モラセス）**(とうみつ)を発酵させて蒸留する**「トラディショナル・ラム」**（またはモラセス・スピリッツ）と、サトウキビの搾(しぼ)り汁を水で薄めて発酵、蒸留する「アグリコール・ラム」があるが、後者はラム総生産量のわずか3％程度だ。

また、発酵方法や蒸留方法、貯蔵樽の内側を焦(こ)がすか焦がさないかによって、**「ライト・ラム」「ミディアム・ラム」「ヘビー・ラム」**に分類される。

ライト・ラムができるまで

糖蜜 サトウキビの搾り汁 など

↓

酵母 ▶ 発酵

↓

連続蒸留

↓

貯蔵 ← 内側を焦がしていないホワイトオーク樽で貯蔵

↓

調合・加水、濾過後に瓶づめ

活性炭で濾過すると「ホワイト・ラム」になる

完成

テキーラ

メキシコを代表する酒、テキーラ

テキーラは、メキシコの限られた地区で、竜舌蘭のアガベ・アスール・テキラーナ・ウェーバー（ブルー・アガベ）からつくられるスピリッツ。それ以外の地域では「メスカル」（伝統的に竜舌蘭からつくられる蒸留酒の総称）と呼ばれる。フレッシュな味わいの「ブランコ（ホワイト・テキーラ）」や、熟成を経てまろやかな風味の「レポサド（ゴールデン・テキーラ）」などがある。

テキーラの誕生には諸説ある。メキシコの先住民が、山火事で丸焦げになった竜舌蘭の茎から出ていた甘い樹液を発酵させ、酒として飲んでいた。18世紀半ばに、スペイン人がメキシコに蒸留器を持ち込み、この酒を蒸留したのがテキーラの起源ともいわれる。

テキーラの原料とつくり方

現在テキーラは**メキシコの政府機関によって厳しく管理**されており、特定地域で栽培されたアガベ・アスール・テキラーナ・ウェーバーを51%以上用いるなどの基準を満たしたものだけが、テキーラと認められている。

アガベ・アスール・テキラーナ・ウェーバーの茎はパイナップルのような球茎で、大きなものは直径70〜80cm、重さ30〜40kgにまで育つ。これを蒸煮してデンプンの一種・イヌリンを糖化させ、圧搾、発酵を行う。**単式蒸留または連続式蒸留を2回以上行って**アルコール度数を高め、樽で熟成させる。

こうして完成したテキーラには、メキシコ政府公認規格による生産者番号が製品ラベルに記載されるなど、徹底して管理されている。

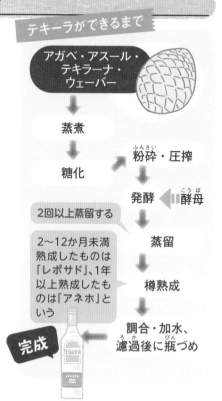

テキーラができるまで

アガベ・アスール・テキラーナ・ウェーバー
↓
蒸煮
↓
糖化
→
粉砕・圧搾
↓
発酵 ← 酵母
↓
2回以上蒸留する
蒸留
↓
2〜12か月未満熟成したものは「レポサド」、1年以上熟成したものは「アネホ」という
樽熟成
↓
調合・加水、濾過後に瓶づめ

完成

Mini column　発酵＋α　中国を代表する蒸留酒「白酒(バイチュウ)」

乾杯に欠かせない白酒

　紹興酒(しょうこうしゅ)と並んで中国を代表する酒に「白酒」がある。紹興酒が醸造酒なのに対し、白酒は蒸留酒で、**無色透明**であることからその名が付いたとされる。**鮮烈な香りと高いアルコール度数**でも知られ、かつては60〜65度にも及ぶものが多かったが、近年はアルコール度数の低いものが主流となりつつある。

　原料は産地や製法によって異なり、**コウリャン**（モロコシ）やトウモロコシ、米などの穀物、ジャガイモ、サツマイモ、エンドウマメなどが用いられる。なかでも有名なものがコウリャンを用いた貴州省の「茅台酒(マオタイチュウ)」で、中国の国酒(こくしゅ)とされている。

400年の歴史がある高級酒「茅台酒」

　なお、中国の宴席では何度も乾杯を行う習わしがあるが、その際に用いられるのも白酒だ。小さなグラスに注がれた白酒をストレートで一気に飲むため、悪酔いしないよう注意が必要。

白酒の独特な発酵方法とは？

　白酒は中国全土でつくられているが、原料や産地、銘柄(めいがら)によって味や香り、価格帯も多種多様である。

　共通しているのは独特の発酵方法だ。通常の酒のように樽や桶などの容器を使わずに、土を掘ってつくった大きな**穴の中に蒸した原料や麹を入れて発酵させる**という、世界に類を見ない「**固体発酵**」が行われる。発酵期間は白酒の種類によって10日から1年などとさまざまで、発酵後に穴から掘り出して蒸留し、**長期熟成**を経て、まろやかな口当たりの白酒が完成する。

白酒の蒸留所には固体発酵を行う穴がある

リキュール

LIQUEUR

リキュールは、スピリッツ（蒸留酒）に果実やハーブ、ナッツ、クリームなどを加えて香りを移し、甘味料や着色料などを添加した酒の総称。主原料によって、**香草・薬草系**、**果実系**、**ビーンズ系**、**その他**の4つに分類される（→P216）。一般的にアルコール度数が高く、甘味も強いため、ほかの酒やジュースなどと混ぜて飲むことが多い。

リキュールの起源は、古代ギリシャ時代、ワインに薬草を溶かし込んで薬酒をつくったことだとされる。12〜13世紀頃から薬草を蒸留酒に溶かし込む方法が広まり、色や香り、甘味などの添加方法も工夫されるようになった。17世紀には、新大陸やアジアからもたらされた果実や香辛料も使われるようになり、リキュールはさらに多様化していった。現在も新たなリキュールが開発され続けていて、**その数は数百に上る**ともいわれている。

日本におけるリキュールの消費量は拡大し続けており、2020年度は256.1万kLだった。これは、第3のビール（→P191）やハイボールなど、多くの商品形態がリキュールに分類されるようになったことも影響している。

リキュールの消費量

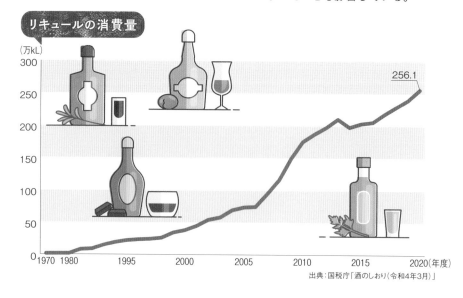

（万kL）

256.1

300
250
200
150
100
50
0

1970 1980　1995　2000　2005　2010　2015　2020（年度）

出典：国税庁「酒のしおり（令和4年3月）」

214

リキュールの製造工程

おもな工程は香味抽出と調合

リキュールは一般的に、香味抽出、香味液調合、ブレンド、熟成、濾過の工程を経てつくられる。原料から香味成分を抽出する香味抽出の方法は、①浸漬蒸留法、②浸漬法、③果汁法、④エッセンス法の4つがあり、原料によって①〜④を選択するか組み合わせる。

香味抽出の次は、香味液を調合し、アルコール類や糖類、色素、水などをブレンドする。そして、香りや味を安定させるため、短くて1か月、長い場合は3年ほど熟成させる。その後、濾過フィルターを通して沈殿物などを取り除き、瓶づめして完成となる。

リキュールができるまで

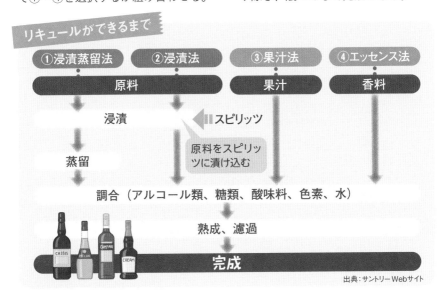

出典：サントリーWebサイト

さまざまな香味抽出法

①浸漬蒸留法	ベースとなるスピリッツ（蒸留酒）と原料を単式蒸留器に入れて蒸留し、アルコール分と一緒に植物原料の香味成分を抽出する方法。
②浸漬法	「冷浸漬」と「温浸漬」がある。冷浸漬は、ベースとなるスピリッツに原料を浸漬して成分と香味を抽出する。温浸漬は、まず原料を温水に漬け込み、熱によって溶け出す成分を抽出し、温度が下がったらスピリッツを加えてさらに浸漬する。ハーブ類の場合が多い。
③果汁法	果汁をスピリッツにブレンドして香味液をつくる方法。
④エッセンス法	ベースとなるスピリッツにエッセンスや香料を加えて香りを付ける方法。

リキュールの**分**類

主原料によって4つに分けられる

リキュールは、香草、薬草、スパイスなどを主原料とする**「①香草・薬草系」**、果実の果肉・果皮・果汁が主原料の**「②果実系」**、植物の種子やカカオなどを用いた**「③ビーンズ系」**、花や茶葉によるものや乳濁※系を含む**「④その他」**の4つに分類される。近年はカクテルやビールタイプもある。

リキュールの分類

系統		おもなリキュール
①香草・薬草系		シャルトリューズ ベネディクティン ドランブイ カンパリ ペルノ
②果実系	柑橘系	ホワイト・キュラソー コアントロー オレンジ・キュラソー グランマルニエ
	核果（種子）	チェリー・ブランデー ヒーリングチェリー ピーチ・ブランデー ピーチツリー 梅酒
	ベリー系	ストロベリー カシス
	その他	メロン
③ビーンズ系		カカオ カルーア ディサローノ
④その他	花・茶系	バイオレット サクラ グリーンティー
	乳濁系	アドヴォカート エッグブランデー チョコレートクリーム
カクテル・その他		チューハイ フィズ ハイボール

※乳濁：乳のように白くにごること。

偉人たちのワイン
〈後編〉

　「余の辞書に不可能の文字はない」という言葉で有名なナポレオン・ボナパルト（1769〜1821年）も、ワイン好きだったことで知られています。ナポレオンは、戦いに出向く前に、ブルゴーニュ地方の特級畑のワイン「シャンベルタン」を必勝祈願のために飲んでいました。ところが、ロシア遠征のときはシャンベルタンを飲みませんでした。それが原因かどうかはわかりませんが、敗戦し、その後ナポレオンは失脚してしまいます。

　ナポレオンはシャンパンも好きで、高級シャンパンの「ドン・ペリニョン」のメーカーであるモエ・エ・シャンドンのお得意様でした。ナポレオンは「シャンパンは、戦いに勝ったときには飲む価値があり、戦いに負けたときには飲む必要がある」と言っています。

　日本にもワインを飲んだ英雄がいます。まずは織田信長（1534〜1582年）。宣教師のルイス・フロイスから、バナナや金平糖などとともにワインが献上され、それを飲んだといわれています。ポルトガル語では赤ワインを「チンタ・ヴィーニョ」というので、当時、赤ワインは「珍（陳）陀酒」と呼ばれていました。

　また、徳川家康（1543〜1616年）も珍陀酒を飲んでいたという記述があります。家康は鎖国政策で西洋との断交を進めましたが、漂着したスペイン人を保護するように指示し、スペイン国王からブドウ酒が献上されています。その後も、スペイン王が家康にブドウ酒を献上した記録が残っています。

　このように、洋の東西を問わず、英雄・偉人が愛した酒はワインだといえるのではないでしょうか。

NPO法人
発酵文化推進機構

発酵学者の小泉武夫が理事長を務めるNPO法人。発酵文化の推進ならびにその技術の普及を通して、食品、医薬品、化学製品、再生エネルギー等の分野の、より健全な発展への寄与を目的に活動しています。発酵技術のさらなる発展と幅広い活動のため、各専門分野の第一人者や発酵産業に携わる仲間とともに、発酵食文化や発酵技術に関する講演会の実施、研究会の発足、発酵食文化の推進リーダーを育成する「発酵の学校」開催などを通じて、発酵による社会貢献の実現を目指します。

■1 発酵文化推進機構の理事長、小泉武夫　■2 本書の監修者・金内誠は副理事長を務める　■3 「発酵の学校」の講義には各界の第一人者が登壇　■4 2022年6〜9月に開催された第6期「発酵の学校」修了式での集合写真

その他の協力先

総本家 喜多品老舗
原宮喜本店
糀屋吉右衛門
ミツカングループ
岡田早苗（高崎健康福祉大学 農学部 生物生産学科 教授）
高知県黒潮町
北海道大学／サッポロビール
イシノマキ・ファーム

※順不同／敬称略

おもな参考文献

『発酵食品ソムリエ講座テキスト1 伝統的な和食と日本の発酵文化』（U-CAN）

『発酵食品ソムリエ講座テキスト2 世界にひろがる発酵食品と健康』（U-CAN）

小泉武夫・金内誠・舘野真知子 監修
『すべてがわかる！「発酵食品」事典』（世界文化社）

ferment books・おのみさ 著
『発酵はおいしい！ イラストで読む世界の発酵食品』（パイ インターナショナル）

和の技術を知る会 著『子どもに伝えたい和の技術10 発酵食品』（文溪堂）

成瀬宇平 監修『食材図典Ⅱ 加工食材編：FOOD'S FOOD』（小学館）

本間るみ子 著『チーズの図鑑』（KADOKAWA）

渡邉一也 監修
『理由がわかればもっとおいしい！ カクテルを楽しむ教科書』（ナツメ社）

※順不同

おもな参考ウェブサイト

みんなの発酵BLEND　　　　　https://www.hakko-blend.com/
しょうゆ情報センター　　　　https://www.soysauce.or.jp/
おかめ「納豆サイエンスラボ」　http://www.natto-science.jp/
QBB チーズをもっと知る　　　https://www.qbb.co.jp/enjoy/cheese/
おいしいパンの百科事典　　　　https://www.panpedia.jp/
サントリー スピリッツ入門　　https://www.suntory.co.jp/wnb/guide/spirits/

※順不同

INDEX

●監修者　**金内 誠**（かなうち・まこと）

宮城大学食産業学群教授。1971年山形県生まれ。1999年、東京農業大学大学院農学研究科博士後期課程生物環境調節学専攻修了。博士（生物環境調節学）。学部・大学院より小泉武夫教授に師事。1999年、カリフォルニア大学デーヴィス校博士研究員、不二製油株式会社に入社し、フードサイエンス研究所に配属。2005年4月、宮城大学食産業学部フードビジネス学科助手、2009年4月、同准教授を経て、2017年、教授に就任、現在に至る。おもな監修書、編著書に『発酵食品学』（小泉武夫編、講談社）、『すべてがわかる！「発酵食品」事典』（小泉武夫、金内誠、舘野真知子監修、世界文化社）、『発酵の教科書』（IDP出版）などがある。

●スタッフ　　編集協力／小島まき子、新藤史絵（株式会社アーク・コミュニケーションズ）、岡田香絵、河合篤子
　　　　　　　写真撮影／清水亮一（アーク・フォト・ワークス）、杉沢栄梨
　　　　　　　本文デザイン／川尻裕美（有限会社エルグ）
　　　　　　　イラスト／山崎真理子
　　　　　　　校正／株式会社ぷれす
　　　　　　　編集担当／原 智宏（ナツメ出版企画株式会社）

本書に関するお問い合わせは、書名・発行日・該当ページを明記の上、下記のいずれかの方法にてお送りください。電話でのお問い合わせはお受けしておりません。
• ナツメ社Webサイトの問い合わせフォーム　https://www.natsume.co.jp/contact
• FAX（03-3291-1305）
• 郵送（下記、ナツメ出版企画株式会社宛て）
なお、回答までに日にちをいただく場合があります。正誤のお問い合わせ以外の書籍内容に関する解説・個別の相談は行っておりません。あらかじめご了承ください。

理由がわかればもっとおいしい！
発酵食品を楽しむ教科書

2023年 2月 1日　初版発行
2023年 5月10日　第2刷発行

ナツメ社Webサイト
https://www.natsume.co.jp
書籍の最新情報（正誤情報を含む）は
ナツメ社Webサイトをご覧ください。

監修者　金内 誠　　　　　　　　　　　　　　　　　　Kanauchi Makoto, 2023
発行者　田村正隆

発行所　株式会社ナツメ社
　　　　東京都千代田区神田神保町1-52　ナツメ社ビル1F（〒101-0051）
　　　　電話 03（3291）1257（代表）　FAX 03（3291）5761
　　　　振替 00130-1-58661
制作　　ナツメ出版企画株式会社
　　　　東京都千代田区神田神保町1-52　ナツメ社ビル3F（〒101-0051）
　　　　電話 03（3295）3921（代表）
印刷所　ラン印刷社

ISBN978-4-8163-7326-8
Printed in Japan
〈定価はカバーに表示してあります〉
〈落丁・乱丁本はお取り替えします〉